GERMÁN BOTELLA
El hombre que quiso convertir en oro
el mercurio de Almadén

Alejandro Polanco Masa

© Biblioteca Ephimera

Primera edición: abril de 2018

www.bibliotecaephimera.com

Cualquier forma de reproducción, distribución, comunicación pública o transformación de esta obra solo puede ser realizada con la autorización de sus titulares, salvo excepción prevista por la ley.

ÍNDICE

Introducción 9
Germán Botella, un "alquimista" del siglo XX 11
Almadén, el imperio de azogue..25
Patente 67033 37
Patente 67986 51
Patente 70553 63
Patente 80066 69
Patente 86412 75
Patente 89454 81
Patente 98133 89
Patente 99699 y operaciones de laboratorio................................141
Patente 126605 177
Patente 128648 191
Patente 130002 201
Patente 137904 211

En Alicante ha surgido un joven inventor que ha formulado sus curiosos descubrimientos desarrollándolos en una Memoria que envió a la Academia de Ciencias de Madrid. Las investigaciones de dicho inventor, llamado D. Germán Botella Pérez, se refieren al mercurio y han dado por resultado el deducir que de este cuerpo pueden extraerse varios componentes, entre ellos oro y, según otras informaciones, radio. No se sabe por ahora nada del juicio que a la Real Academia de Ciencias merecerán los estudios y observaciones del Sr. Botella y únicamente de los antecedentes del inventor podemos tomar alguna noticia en los periódicos que de él han hablado. Según una de esas informaciones, se ha confirmado que Botella tiene en su domicilio una maquinaria eléctrica de extraño aspecto. Dice que vendió pequeñas cantidades de oro en algunas joyerías y que hace dos meses depositó en la Delegación de Hacienda de Alicante otra cantidad de oro para adquirir mercurio de Almadén. Añaden que el joven inventor, pues cuenta sólo veinticinco años, fue practicante del Laboratorio Municipal, es muy modesto y rehuye hablar de sus descubrimientos.

Madrid científico. 1919, num. 979, página 15.

INTRODUCCIÓN

En ocasiones aparecen en la Historia personajes inclasificables que, a pesar de su indudable interés, han pasado a ser prácticamente olvidados. Uno de esos casos es el que ocupa el espacio de estas páginas. En este libro recopilo parte del material que he venido reuniendo en mi investigación sobre Germán Botella, todo un *alquimista* del siglo XX. Igualmente, he narrado brevemente las razones por las que me interesó su biografía y hago un repaso a la importancia de Almadén como lugar excepcional. Pero, sobre todo, este libro reúne materiales inéditos como son las patentes originales en español y los procedimientos de laboratorio creados por el propio Botella. En ningún caso he querido hacer mención a la posible validez de lo que Botella describía. Simplemente, el ánimo de estas páginas ha sido el de reunir parte de esos materiales, la mayor parte de los cuales nunca ha sido publicada.

Germán Botella, según un grabado aparecido en el *Diario de Córdoba*, 8 de febrero de 1919.

GERMÁN BOTELLA, UN "ALQUIMISTA" DEL SIGLO XX

Durante siglos la alquimia formó parte de los saberes y las artes tanto de occidente como de oriente. En el siglo XVIII, con el proceso de desarrollo del conocimiento científico tal y como lo conocemos ahora, con la experimentación sistemática, el empirismo y el auge del racionalismo, aquella "prequímica" fue olvidada para dar paso a los grandes avances de la química que han cambiado el mundo y nuestras vidas. Ahora bien, la alquimia no fue sólo un saber supersticioso, monolítico y único, había muchas alquimias y diversos objetivos en ellas. Todavía hoy hay soñadores que buscan la Piedra Filosofal, la *quintaesencia* y la *panacea universal* por medio de manipulaciones de la materia que tienen mucho más que ver con el pensamiento mágico que con el método científico. Sin embargo, el triunfo de la ciencia relegó a la alquimia al más profundo de los olvidos y, hoy, muy pocos son los que se asoman a sus oscuros escritos tratando de averiguar qué esconden. Así, lo que fue germen de la química y de la farmacia, fue dando paso a la síntesis química, y al conocimiento de la estructura de la propia materia. Llegado el siglo XX, cuando se descubrió la estructura del átomo, se estudió la radiactividad y se comprobó que la transmutación de elementos era posible, siempre bajo unas condiciones muy precisas y con grandes energías en juego, algunos "alquimistas" de nueva hornada aparecieron en el horizonte.

Nótese que he colocado el término entre comillas, porque bien poco se parecían a los alquimistas antiguos. He mencionado que había varias alquimias, que el "Arte Real" no era algo único. Se concebían varias vías para *purificar* la materia burda, los metales innobles en algo más elevado. Ahí estaba la *vía húmeda*, lenta pero más segura en apariencia. La *vía seca*, más rápida y peligrosa y, en último caso, como la más elevada forma de arte alquímico, la *vía del Sol*. Todo venía a ser lo mismo. Se partía de cierta ignota *materia prima*, siempre secreta, que bien podía ser un metal, un tipo de arena o el rocío de la mañana, y se sometía a diversas manipulaciones de filtrado, calentamiento en un atanor, precipitado y otras similares para extraer esa supuesta "alma" que habita en toda la creación y que mostraría el camino hacia la Piedra Filosofal, materia perfecta que transmutaría todos los metales en oro y haría elevarse las almas de los "adeptos" alquimistas más allá de nuestra realidad. Eso, cuando no se hablaba de inmortalidad como tal. Cada maestro alquimista tenía su método y sus creencias.

Aquella búsqueda de la panacea universal capaz de sanar a cualquier enfermo y de la transmutación de los metales como la plata, el plomo o el mercurio en oro, pasó de lo mágico a los sistemático cuando se alumbró a la luz de la química y la farmacia. Ya no había espacio desde entonces para *locuras* alquímicas y, sin embargo, el cambio de siglo entre el XIX y el XX vio un renacer de lo mágico y lo alquímico. Aparecieron entonces célebres obras, como las de Fulcanelli, supuesto alquimista moderno que reivindicaba el papel de la alquimia en la moderna ciencia y que veía en el simbolismo de ciertos templos la llave para comprender los oscuros textos alquímicos. En París se llevaron a cabo algunos experimentos acerca de transmutaciones, o al menos eso se decía en la prensa, y hasta un supuesto alquimista de origen polaco, Dunikowski, recorrió media Europa ofreciendo oro transmutado, con lío judicial en París como coda de su aventura. Las sociedades de tinte esotérico proliferaban y acogían la alquimia como una especie de vínculo entre la ciencia y la magia. Acá y allá surgían *arquimistas*, sí, con «r», aquellos poco preocupados en la Piedra Filosofal o en panaceas medicinales pero muy interesados en el oro y en las riquezas. En este ambiente tan revuelto apareció en España un personaje fascinante que dedicó casi dos décadas de su vida a intentar convencer al mundo que era posible transmutar el mercurio en oro o, más bien, que el oro «vivía» en el interior del mercurio. Esta es la historia de Germán Botella.

Botella, el transmutador

Comencemos por el principio, que en este caso viene a ser el final de la historia. No tenía ninguna referencia acerca de nuestro pretendido alquimista del siglo XXI hasta que choqué con él en una serie de patentes en el *Archivo Histórico de la Oficina Española de Patentes y Marcas* en Madrid. ¡Como para no sentir curiosidad ante tan sugestivos títulos! Veamos, aparecen registradas nada menos que trece patentes a nombre del alicantino Germán Botella Pérez, entre mayo de 1918 y abril de 1935. No se trataba de un inventor polifacético como tantos con los que podemos encontrarnos incluso hoy día, que tan pronto te proponen un nuevo tipo de avión como salen a cuento de un novísimo método para afilar cuchillos. Tampoco era un científico de sólida carrera enfocado en solucionar los problemas de un área concreta o un campo de la ciencia. Nada de eso, ¡era un alquimista! Es más, un alquimista con patentes, lo que le convertía en una rareza digna de mención porque si algo ha caracterizado a la alquimia a lo largo de la historia ha sido, precisamente, la oscuridad en la que se han envuelto sus procedimientos para que sólo el maestro pudiera transmitir su *conocimiento* al aprendiz, sin dejar nunca que esos supuestos saberes cayeran en manos del común de los mortales. Bien, ahí estaba, fuera de lo normal, un aparente alquimista que abría sus métodos a todo el mundo a través de patentes en las que se detallaba cómo convertir el mercurio en oro. Claro que, después de leer las *recetas*, no está muy claro que se pudiera cocinar el dorado premio tal y como pretendía del intrépido Germán. ¿Acaso era un hábil estafador? Bien pudiera parecerlo, pero por lo que he podido averiguar era más bien alguien obsesionado con una idea desde su juventud, una aparente quimera que le acompañó hasta sus últimos días. Removió cielo y tierra para intentar que le escucharan. Asombrosamente, se le escuchó y se atendieron sus ruegos, al menos durante un tiempo. Al final, todo terminó en aparente fiasco.

Veamos los títulos de algunas de las patentes de Germán Botella, todas ellas destinadas a describir métodos de transmutación de mercurio en oro. Tomemos tres de ellas al azar. En primer lugar, la patente española número 67033, del 15 de mayo de 1918, con el título siguiente: "Un nuevo procedimiento para descomponer el mercurio y obtener el radio metálico y oro que se encuentran formando dicho metal". Uno frunce el gesto cuando lee cosas así, pero la curiosidad va por delante. En fin, sigamos con la pesquisa. El 9 de agosto de 1923, en la patente número 86412, Germán Botella propone "...un nuevo tubo de rayos ultravioleta que descompone el mercurio en oro". Asombroso, el hombre no sólo juega con el lenguaje sino que se arma de lo más moderno en tecnología de la época. Con rayos X hubiera quedado más decorativo, pero los ultravioleta no eran menos asombrosos por entonces. Finalmente, como tercer ejemplo, veamos su última patente, la 137904 del 11 de abril de 1935. Hay que respirar hondo antes de leer su título: "Procedimiento de obtención de una materia roja-oscura incrustada en un bloque de nitro que se forma en las reacciones del radical SO(OH) originadas en las reacciones con sales mercuriosas". Como puede verse, la cuestión se ha sofisticado hasta el límite de lo asombroso. Ante todo esto, ¿había descubierto Botella algo realmente interesante? El asunto queda en el aire porque nunca se publicaron pruebas contundentes acerca de lo que afirmada. Eso sí, se

> **ALICANTE**
> **Importante descubrimiento. Manera de obtener oro y radio.**
>
> Asegúrase que mañana ó pasado se leerá, en la Academia de Ciencias, una comunicación donde el joven alicantino, practicante de Medicina, Germán Botella Pérez, da cuenta de un descubrimiento que ha hecho para descomponer el mercurio por un procedimiento eléctrico obteniendo oro y alguna cantidad de radio.
>
> El inventor es un joven de familia modesta, tiene 24 años y era practicante del laboratorio municipal, cargo que renunció recientemente.
>
> La noticia parece ser cierta, pues Botella ha vendido en las joyerías diferentes partidas de oro.
>
> Hace poco depositó en la delegación de Hacienda la cantidad necesaria para comprar dos kilos de mercurio de las minas de Almadén.
>
> Botella rehuye hablar de este asunto, esperando el informe de la Academia.
>
> La noticia ha producido una enorme curiosidad.

Noticia acerca de Germán Botella, publicada por *El Adelanto*. Año XXXV. Número 10619 - 13 de enero de 1919 enero.

vertió durante años mucha tinta sobre el papel abordando el caso. Luego, como suele ser habitual, tan curiosa historia se perdió en las hemerotecas. Ah, como apunte postrero cabe anotar la curiosa mención al color "rojo-oscuro" mencionado en esa última patente, curiosamente el mismo color que a lo largo de la historia ha sido mencionado en muchos tratados alquímicos al referirse a la Piedra Filosofal. Cabe mencionar que la pasión de nuestro personaje por difundir sus ideas y procedimientos no conocía fronteras, he podido rastrear patentes suyas sobre conceptos similares tanto en Francia como en Gran Bretaña.

El practicante que quiso ser alquimista

¿Quién era Germán Botella Pérez? No hay muchos datos disponibles, la investigación de este caso sigue adelante, además es complicado separar los datos verificables de las posibles fantasías publicadas en la prensa. He ahí, por ejemplo, sus contundentes afirmaciones acerca de sus viajes a Londres. Supuestamente habría estado en contacto allí, o más bien habría tratado como «iguales», a inmensas figuras de la ciencia como Ernest Rutherford, el genio que logró la primera transmutación artificial junto a Frederick Soddy. También afirmó haber tenido contacto con J. J. Thompson, descubridor del electrón. No he podido verificar nada de esto y, por lo tanto, no puedo afirmar que hubiera algo de cierto en ello, aunque cuesta pensar que un sencillo *practicante alicantino* pudiera llegar hasta lo alto del edificio de la física de su época sin apenas referencias o trabajos a sus espaldas, salvo ciertos artículos en los que se citaban someramente experimentos con mercurio. Por otro lado, el lenguaje empleado por Botella es algo oscuro y complejo, a pesar de su intención de arrojar luz acerca de la supuesta "estructura compuesta del mercurio", y a veces roza lo extravagante, como cuando menciona la posibilidad de construir un "rayo diabólico" (afirmación aparecida en ocasiones en la prensa y que el propio Botella matizaba).

> El joven D. Germán Botella Pérez, que tan buenos ejercicios hizo en la oposición celebrada para cubrir unas plazas de practicantes de la Beneficencia Municipal, ha sido nombrado practicante del Laboratoris Químico Microbiológico Municipal.

Una de las primeras noticias que sobre Germán Botella se pueden rastrear en la prensa nacional.
Fuente: *La Correspondencia de Alicante*: Año XXVIII, Número 9255 - 28 de agosto de 1911.

DECLARACIONES DE UN INVENTOR

El mercurio es oro bañado en anhídrido sulfuroso

Ayer quedó presentada en la Real Academia de Ciencias Exactas, Físicas y Naturales una Memoria concisa, haciendo constar en ella D. Germán Botella Pérez, entre muchísimas cuestiones de gran interés científico, las diez y ocho conclusiones que á continuación expresamos:

1.ª El mercurio no es un cuerpo simple, porque contiene un líquido menos denso, que se ve perfectamente en su periferia.

2.ª Este líquido se separa del mercurio de un modo instantáneo.

3.ª El líquido que contiene en su periferia el mercurio es un equivalente químico.

4.ª El equivalente químico que contiene el mercurio es anhídrido sulfuroso al estado líquido.

5.ª Se puede separar el anhídrido sulfuroso que contiene el mercurio estableciendo una corriente de ondas hertzianas, que lo convierte en radioconductor ó cohesor.

6.ª El estado físico del mercurio es el de un cohesor ó radioconductor.

7.ª El líquido que contiene en su periferia el mercurio determina el equivalente eléctrico ó intensidad de una corriente de ondas hertzianas.

Artículo publicado en *La Correspondencia de España*: Año LXX Número 22262 - 25 de enero de 1919. - Recorte 1 de 2.

8.ª Como consecuencia de la anterior conclusión: primero, el volt se transforma en amper, estableciéndose en un instante una corriente de ondas hertzianas de gran amperaje por disminución del voltaje; segundo, cada volt que pasa por el mercurio queda transformado en amper mientras existe líquido en la periferia del metal.

9.ª Cuando es separado del mercurio todo el líquido que contiene en su periferia aparece un metal completamente amarillo y dúctil: el oro.

10. El átomo monovalente se puede convertir en electrones sin perder su individualidad química.

11. El electrón tiene su origen en el átomo monovalente.

12. Los cuerpos simples están constituidos por electrones.

13. Los metales sólidos se pueden convertir en líquidos permanentes.

14. Un metal al estado líquido es un cuerpo radioactivo.

15. Los electrones se diferencian unos de otros por el tiempo en realizar los movimientos oscilatorios de que están dotados.

16. Existe tanta variedad de electrones como cuerpos simples.

17. Los electrones se buscan por afinidad cuando están libres, y se separan cuando sus movimientos se extinguen, y

18. La estructura atómica de la electricidad es la estructura atómica del radium.

En trabajos sucesivos se propone el señor Botella dar á conocer lo que es el radium la manera industrial de obtenerlo directamente del mercurio.

Artículo publicado en *La Correspondencia de España*: Año LXX Número 22262 - 25 de enero de 1919. - Recorte 2 de 2.

La principal teoría de Germán Botella, que presentó en 1919 ante la Real Academia de Ciencias de Madrid a través de un estudio con dieciocho conclusiones, se basaba en su creencia de que "el mercurio es oro bañado en anhídrido sulfuroso". Creo que después de leer esto todos los químicos actuales habrán abandonado la sala, y no es para menos, porque semejante afirmación hace saltar las alarmas de la extrañeza. A pesar de lo asombroso del asunto, en su tiempo se le escuchó y fue tomado en consideración hasta que, con el paso de los años, las palabras no encontraron respaldo en la experimentación independiente, pues nadie decidió pasar a la acción para verificarlo (salvo cierta *comisión* que mencionaré más adelante). El *practicante* afirmaba que podía llevar su teoría al campo de lo experimental por medio del uso de cierto procedimiento eléctrico, con lo que el mercurio entraría en "descomposición" dando como resultado átomos de oro y de radio.

Botella realizó experimentos privados hacia 1918 mientras trabajaba como practicante en el Laboratorio Municipal de Alicante. El caso es que, sin apenas hacer ruido al principio, y formando parte una familia de reconocido prestigio, fue tejiendo toda una red de partidarios entre los que se encontraba, por ejemplo, el doctor y diputado Rodríguez Álvarez Villamil. De forma periódica fue solicitando patentes acerca de sus diversos procedimientos para extraer oro del mercurio, según iba evolucionado su método experimental. Ahora bien, apenas se dejaba ver y no era muy dado a entrevistas. De hecho, la mencionada memoria acerca de tan grave asunto que presentó en Madrid, fue entregada por su hermano, Juan Botella. Si bien era poco dado a apariciones públicas, el tema era tan asombroso que los periódicos no dudaron en dedicarle abundantes páginas. Los titulares de la época son sorprendentes: "La piedra filosofal descubierta por un alicantino", aparecía impreso en negro sobre blanco, ¡y se quedaban tan anchos! Se afirmó que Botella abandonó su empleo en Alicante para dedicarse en exclusiva a su trabajo alquímico.

Se reproduce en esta página y en la siguiente una carta que Germán Botella publicó en *Madrid científico*, número 1.115, de 1924.

Sr. Director de MADRID CIENTÍFICO:

En un trabajo que el año pasado publicó *España Médica*, hacía observar que, el 2 de Marzo del año 1921, atendiendo a los requerimientos de Sir Ernest Rutherford y Sir J. J. Thomson, envié a estos dos eminentes físicos, un Memorandum describiendo sucintamente un experimento que realicé en Londres, en la Institución de *Faraday House*.

Dentro de un tubo Crookes coloqué una cantidad de mercurio para formar una determinada capacidad electrostática con los dos electrodos del tubo. Esta disposición de los electrodos que yo introduje en el tubo Crookes, me sirvió para producir, partiendo desde un vacío preliminar, una considerable cantidad de rayos catódicos que excitan intensamente la fluorescencia del cristal del tubo y llegar a provocar la descarga de un detonador, colocado a una distancia superior a su descarga explosiva. El fenómeno es producido excitando el tubo con una bobina de inducción, trabajando el primario directamente con la corriente alterna.

Dos días después de conocer Sir Ernest Rutherford este fenómeno, dió una conferencia en la *Royal Institución* sobre el «Secreto de la Electricidad», manifestando respecto a la naturaleza de la electricidad, que desde los tiempos de Leyden ha intrigado al mundo, que había quedado un hecho definitivamente establecido, a saber: «La electricidad no es fluido, no es *juice,* es atómica y, sobre este solo hecho, es posible levantar el vasto edificio del Universo». La prensa de Londres daba la noticia como un descubrimiento británico.

Al mismo tiempo que envié el Memorandum a Ernest Rutherford y a J. J. Thomson, remití copias de este Memorandum a las Oficinas de Patentes de invención de Inglaterra y en sobre cerrado y lacrado envié también copias a España. No repetí más el experimento a causa de la conferencia dada por Rutherford en la *Royal Institución*.

Cuando regresé a España, procuré publicar algunos detalles del experimento, si bien de una manera concisa. Este trabajo lo insertó *España Médica* el 20 de Marzo de 1923. Remití a Londres algunos números de esta revista y ahora de nuevo se ha vuelto a hablar del asunto, pero en una forma que a muchos les ha parecido una novela científica.

El «rayo diabólico», no es más que una de las tantas aplicaciones útiles que tiene el experimento que yo practiqué en la Institución de *Faraday House*. La utilidad práctica de este aspecto del experimento, no me convenía utilizarla y a pesar de tener la investigación orientada en este sentido, como se puede apreciar por el trabajo publicado en *España Médica*, pronto me desvié de esta orientación, pues me horrorizaba tener que aplicar el fenómeno con fines mortíferos.

Algunos aseguran que Matthews, es el primer hombre que ha establecido prácticamente el corto circuito del campo magnético en la alta frecuencia. Esta versión la puedo y debo desmentir. Es el hecho más fundamental que hice notar en el experimento de *Faraday House* y la prioridad del experimento no la puedo perder, porque data desde el 22 de Febrero de 1921, como se puede comprobar.

Después de publicar las características más principales de mi experimento, aparece Matthews declarando que él ha encontrado el medio de dirigir a distancia, una corriente eléctrica sobre un punto determinado. Quien haya leído mi trabajo de *España Médica*, podrá observar que, con el tren de ondas fluorescentes que yo establezco con los rayos ultra violetas, se forma a través de la atmósfera, una canalización eléctrica de muy alta frecuencia; corresponde a frecuencias de oscilaciones de un billón, hasta tres mil billones Indico, además, en la dirección en que se propagan las referidas ondas.

Con el tren fluorescente de ondas aúreo-verdes que se producen en el tubo de mi invención, demuestro que soy el primero que ha dado al aire la extrema conductibilidad necesaria, para formar en él un verdadero hilo invisible. Es un canal por el que pasa una corriente de gran frecuencia. Por las características que de esta corriente doy a conocer, claramente se ve que actúa la corriente como corto-circuito y lleva la destrucción, o la energía, al punto previsto. Son muchas las consecuencias derivadas del experimento. Las mismas que Matthews ha querido atribuirse y que con bastante prioridad, tengo yo registradas en Academias y Oficinas de Patentes.

La fluorescencia que yo separo del azogue con una corriente eléctrica de rayos ultra-violetas, tiene la propiedad de destruir ese mismo rayo de vibración ultra-violeta luminosa. Por este fenómeno aprecio los grados de aumento de vacío en el tubo. Esta fluorescencia que separo del mercurio, es el supuesto rayo invisible creado por Matthews, o acaso negro, o quizás violeta. Desde el momento que vi las propiedades de este rayo, deduje las aplicaciones prácticas de mi descubrimiento Estas aplicaciones son varias y de una de las dos principales, estoy en relación comercial con una importante Casa de Londres.

La traslación de la fuerza eléctrica, sin necesidad de las redes metálicas, es un problema planteado en mis investigaciones. Yo me he limitado a obtener del mercurio una nueva substancia radio-activa como consecuencia de mi experimento de *Faraday House*. No he empleado los rayos descubiertos por mí, como rayos de destrucción. Puede ser el rayo «salvador», el rayo ultra o infra que fácilmente puedo aislar del mercurio.

GERMÁN BOTELLA.

Sobre la naturaleza compuesta del mercurio

Desconozco qué lecturas y experimentos realizó Germán Botella en su juventud para que se convenciera de la naturaleza "compuesta" de un elemento químico como es el mercurio que, según la química actual, no está *formado* por oro, ni mucho menos por radio. Para Botella, el mercurio contiene "un líquido en su periferia que es un equivalente químico (...) de anhídrido sulfuroso en estado líquido. (...) Cuando es separado del mercurio todo el líquido que contiene en su periferia, aparece un metal completamente amarillo y dúctil: el oro." Sea como fuere, el alicantino dedicó los siguientes diez años, desde su primera patente, a mejorar sus métodos y a patentarlos. No parece que llevara a cabo transmutaciones asombrosas ante el público y su eco se fue apagando hasta que, de repente, a principios de los años treinta todo cambió.

Fue en el año 1932 cuando, ante la insistencia que durante años había manifestado Germán Botella para que fueran verificadas sus teorías, se formó una comisión estatal de ingenieros y científicos dispuesta para llevar a cabo los experimentos diseñados por el propio Botella. Por fin había llegado la hora que tanto había esperado el *alquimista*. Además, si existía alguna posibilidad de convertir la mayor mina de mercurio del mundo, Almadén, en toda una fuente de oro, ¿por qué había de dejarse de lado tal oportunidad? Por desgracia para Botella, el ingeniero que presidía la comisión, Enrique Hauser, tras realizar algunos experimentos, le envió el siguiente parecer a Jerónimo Bugeda, por entonces Presidente del Consejo de Administración de las Minas de Almadén y Arrayanes:

> ...*puedo manifestarle que hemos seguido paso a paso el trabajo del Sr. Botella tomando muestras no sólo de la primera materia (mercurio), sino de todos los productos de las transforma-*

ciones sucesivas, hasta el precipitado final que debía contener el oro, en el laboratorio químico industrial de la Escuela de Minas, no pudiendo apreciar el buscado metal en ninguna de las diez muestras correspondientes, en las que se incluye el precipitado final, que está constituido principalmente por óxido de hierro.

Ante tan negativos resultados la comisión decidió dar por cerrado el asunto y no continuar con los experimentos. Germán Botella protestó e incluso emprendió acciones judiciales para impedir que se cerrara la comisión pues, en su opinión, no se habían llevado a cabo todos los procedimientos de forma adecuada y, por ello, el oro no había hecho acto de presencia. Sus pretensiones fueron rechazadas y del alicantino poco más se supo desde ese momento. Lo más curioso fue que, poco antes de que el informe de Hauser llegara a la prensa, el 15 de julio de 1932, el propio Botella fue entrevistado por el diario *La Libertad*, donde afirmaba que los experimentos estaban dando resultados muy positivos:

> *...en la penúltima sesión, conforme con el plan que de antemano fijé, se produjo ante la vista atónita de los once señores de la Comisión, el hecho fundamental de este experimento, el que se me ha negado hasta el último momento porque contraría la teoría vigente de la química: el desprendimiento del mercurio sometido a reacciones catalíticas de átomos de dióxido de azufre, dejando oro en libertad. Todos y cada uno de los señores de la Comisión comprobaron, asombrados, este hecho (...) luego el oro, que ya se había acusado persistentemente por la coloración azul de diversas disoluciones, ha aparecido en forma de polvo pardo amarillento.*

A pesar de estas afirmaciones de Germán Botella, el asunto se cerró de forma definitiva con la sentencia judicial sobre el caso. He aquí lo que a este respecto aparece publicado en la *Gaceta de Madrid*, núm. 1, del primero de enero de 1935, página 32:

Ilmo. Sr.: En el recurso contencioso-administrativo interpuesto por don Germán Botella Pérez, sobre confirmación o revocación de la Orden de este Ministerio de 20 de Enero de 1933, en pleito respecto a anulación del contrato celebrado con ese Consejo de Administración para la realización de determinadas experiencias con objeto de transformar el mercurio en oro; el Tribunal Supremo ha dictado, con fecha 29 de Noviembre pasado, sentencia cuyo fallo, copiado literalmente, dice así:

"Fallamos que, desestimando la excepción de incompetencia de jurisdicción, en primer término formulada como perentoria por el Fiscal en su contestación, debemos absolver y absolvemos a la Administración General del Estado de la demanda formulada a nombre de D. Germán Botella Pérez contra la Orden del Ministerio de Hacienda de 20 de Enero de 1933, recurrida, que declaramos asimismo, firme y subsistente.

Así, por esta nuestra sentencia, que se publicará en La Gaceta de Madrid e insertará en la Colección Legislativa, lo pronunciamos mandamos."

En su virtud, Este Ministerio ha dispuesto que se cumpla la sentencia en sus propios términos y que el expresado fallo se publique en la Gaceta de Madrid, a los efectos y en cumplimiento de lo que determina el Artículo 84 de la ley Orgánica de la Jurisdicción contenciosoadministrativa.

Lo que digo a V. I. para su conocimiento y efectos reglamentarios. Madrid, 28 de Diciembre de 1934.

Manuel Marraco
Señor Presidente del Consejo de Administración
de las Minas de Almadén y Arrayanes.

ALMADÉN, EL IMPERIO DE AZOGUE

> *La España no tiene ya el privilegio de surtir de mercurio a los mineros del Nuevo Mundo. La California contiene minas de cinabrio muy abundantes que se están explotando en el día con grande actividad. Las de New Almaden, situadas a algunas leguas de San Francisco, dan 400 kilogramos al día; y calculando 300 días de trabajo al año llega el producto a 120.000 kilogramos...*
>
> De la producción del oro. Léon Faucher. Eco Literario de Europa, *Revista Universal.* Tomo III, Madrid 1852.

Con las diversas oleadas, o fiebres del oro, que pudieron ser vistas en territorio norteamericano a lo largo del siglos XIX, no debe extrañar que la explotación de cinabrio en California levantara grandes esperanzas por aquellas tierras. Sí, New Almaden, bautizada así recordando con curiosa mezcla de admiración y burla a su predecesora española, aspiraba a convertirse en un nuevo *imperio de azogue* pero, al igual que nuestro Almadén, esa mina y otras similares hace mucho que carecen de actividad, viendo su entorno únicamente la animación de turistas que visitan un parque construido en recuerdo de la actividad minera.

Los yacimientos americanos de cinabrio, el mineral del que tradicionalmente se ha extraído el *azogue* o mercurio, nunca llegaron a hacer sombra a las minas de Almadén, no al menos en cuanto a fama se refiere. También hoy, aquí, un Parque Minero a medio camino entre el museo temático y un centro de interpretación recuerda a quien lo visite que, en otro tiempo, una incesante actividad horadaba las entrañas de esta tierra manchega situada al sudoeste de Ciudad Real. Se trata de un lugar fascinante que merece la pena ser visitado y, sobre todo, conocido. Por ello, permítaseme dejar en estas breves páginas algunas pinceladas acerca de lo que Almadén ha supuesto en la historia de España, con la intención de abrir el apetito del visitante curioso y para dejar clara la razón por la que la comisión que estudió el asunto de Germán Botella decidió realizar sus experimentos precisamente aquí.

Azogue, el metal líquido

Si el cinabrio es el más importante mineral de azogue, término de origen árabe con el que tradicionalmente se nombraba al mercurio, igualmente asociado a él existe un lugar de renombre mundial. La importancia de Almadén, que puede rastrearse hasta tiempo inmemorial, proviene de que, en este lugar de la provincia de Ciudad Real se hallan las más importantes reservas de cinabrio conocidas en todo el planeta. Durante siglos, gran parte del mercurio consumido alrededor del globo ha provenido de las montañosas entrañas almadenenses. Ahora bien, ¿por qué ha sido tan importante el mercurio en la historia de la humanidad? Esta pregunta puede abordarse de diversos modos, pero yo prefiero acudir a la memoria colectiva. ¿Quién no ha jugado alguna vez con mercurio? Se rompe un viejo termómetro y, de su interior, manan minúsculas esferillas de un frío y pesado líquido con cualidades excepcionales. Seguro que la imagen ha visitado la memoria de muchos lectores, pues ésta suele ser una de las pocas ocasiones en las que podremos entrar en contacto con el mercurio y, en realidad, se trata de cosa del pasado, pues los nuevos termómetros ya no suelen incorporar este elemento químico en su constitución. Con número atómico 80, el mercurio es un metal pesado con aspecto plateado que a temperatura ordinaria se mantiene en estado líquido. Conduce mal el calor a pesar de ser un metal, aunque se comporta bastante bien en cuanto la conducción eléctrica se refiere. Por cierto, puede formar aleación con suma facilidad con otros metales, como el oro o la plata, para generar amalgamas. ¡Ahí está el núcleo de esta historia! Como también muchos lectores habrán tenido ocasión de comprobar, supongo que con cierto pasmo y sobresalto, a poco que el mercurio entre en contacto con el oro, empezará a "disolverlo" en su seno. En realidad no se trata de una disolución en el sentido físico del término, sino de una combinación química, pero para efectos puramente empíricos, el mercurio parece acoger en su seno al oro como el agua que disuelve un terrón de azúcar. Que nadie se preocupe, el oro o la plata siguen estando ahí, no se han transmutado ni nada parecido. Calentando el mercurio, éste se transforma en vapor, muy insano por cierto, liberando de nuevo el precioso metal amalgamado. He aquí la razón por la cual el mercurio de Almadén ha recorrido a lo largo del tiempo continentes y países, océanos y fronteras de todo tipo: allá donde aparecía oro o plata, se requería su presencia para liberarlos de forma sencilla de los minerales que los contenían.

Además, dada su elevada densidad, el mercurio ha encontrado utilidad ideal a la hora de animar aparatos científicos, como los citados termómetros o algunos tipos de barómetro. El azogue también ha sido empleado como supuesto remedio medicinal desde la antigüedad, con dudosos y penosos resultados dada su peligrosidad, aunque algunos de sus compuestos sí han sido utilizados en medicina, por ejemplo en antisépticos. Posiblemente su llamativo aspecto hiciera que, en la ignorancia, se supusiera que en su seno se acogían esencias divinas capaces de sanar. Hoy día podemos encontrar mercurio en diversos aparatos eléctricos y electrónicos, bombillas, explosivos, catalizadores, empastes dentales, así como en el proceso de elaboración de espejos o en forma de gas para mover los álabes en algunas turbinas, pero cada vez es memos empleado, sobre todo por su carácter nocivo.

Las minas de Almadén

Queda claro que, en cuanto a mercurio se trata, las más grandes reservas mundiales de su mineral principal se encuentran en Almadén, topónimo de origen árabe que vendría a significar *mina*. Sin embargo, esto es poco aclarar, porque la historia del lugar se adentra en lo más profundo del tiempo, siempre ligada al mercurio. Ya autores clásicos como Estrabón, Plinio o Vitrubio mencionaron su existencia. Millones de años hace que el mercurio ascendió desde las profundidades terrestres para combinarse con azufre y pasar a mineralizarse en forma de brillantemente rojizo cinabrio que conforma el criadero actual de Almadén. Las centurias han visto cómo estas minas han pasado por muchas manos hasta que, finalmente, en el año 2002, cesaron su actividad debido a la caída en el precio del azogue como consecuencia de la disminución en la demanda a causa de su peligrosidad ambiental y de las normativas al respecto. Mientras tanto, el cinabrio sigue ahí, en ingentes cantidades, esperando que en algún tiempo futuro vuelva a ser explotado si fuese necesario.

Se sabe que ya en el siglo IV antes de Cristo se explotaba el cinabrio de Almadén, aunque no fue hasta la dominación romana cuando el lugar adquirió importancia como productor de este mineral que, por entonces, era más valioso como fuente de pigmentos para el bermellón que como mena de mercurio. Los siglos pasaron y, con ellos, aparecieron y se esfumaron imperios y reinos, pero las minas continuaron su actividad. Ya fuera bajo los árabes o tras la reconquista cristiana, el cinabrio no dejó de ser arrancado de las entrañas de la tierra. Alfonso VIII cedió el control de las minas al Conde Nuño y a la Orden de Calatrava pero no fue hasta que América se convirtió en objetivo de los europeos cuando Almadén pasó a un primer plano. Desde ese momento, la necesidad de contar con grandes cantidades de azogue con el que amalgamar la plata americana hizo que las minas se convirtieran en una instalación estratégica fundamental para el Imperio Español. Entre 1499 y 1525 las minas fueron regentadas por el Real Erario y, desde entonces, siempre han estado en manos del Estado aunque, eso sí, su explotación se ha llevado a través de arriendos y acuerdos diversos, algunos de ellos sorprendentes. En 1697 se localizó un área especialmente rico en cinabrio en las cercanías del Castillo de Retamar, organizándose racionalmente a partir de entonces varias explotaciones en lo que se conoció como las "Minas del Castillo". Se procedió al examen de un gran área con veinticinco kilómetros de radio alrededor de un pozo central, el de San Teodoro, para localizar nuevas posibles zonas a explotar, pero tan rico en cinabrio es el lugar que únicamente fueron explotados unos pocos criaderos, como los de San Pedro y San Diego, San Francisco y San Nicolás, minas que se comunicaban entre sí y que veían la luz exterior a través de los pozos de San Miguel, San Aquilino y San Teodoro.

Las labores de explotación en profundidad del cinabrio han sido bastante penosas a lo largo del tiempo. Grandes galerías verticales cortaban los diferentes pisos, separados entre ellos hasta por treinta metros, hasta alcanzar profundidades cercanas a los cuatrocientos metros. Tradicionalmente, el cinabrio extraído en las galerías, era calcinado para separar el mineral de la inservible ganga, como la cuarcita. Continuando con el proceso de calentamiento, el azufre del mineral pasaba a combinarse con el oxígeno de la atmósfera, escapando en forma de gas pero, antes, todos los gases resultantes eran enfriados. Allí, en las entrañas del gas, el mercurio vaporizado retornaba por condensación al estado de metal líquido tras ser refrigerado mientras los demás gases se liberaban al aire. Desde ese punto del proceso ya sólo quedaba almacenar y envasar en forma de pesados recipientes metálicos el azogue, listo para partir a las Américas.

Como ya habrá quedado claro, sabiendo que los vapores de mercurio no son nada recomendables, el trabajo de los mineros era muy peligroso porque a los tradicionales riesgos propios de la actividad minera se unía la exposición al tóxico elemento. En 1918 se nombró un Consejo encargado de mantener la actividad de las minas y, como primera medida, tal órgano decidió llevar a cabo una especie de auditoría sobre toda la explotación. El resultado del estudio fue realmente penoso, había quedado claro que las condiciones de las minas eran poco menos que ruinosas, cosa que es inexplicable teniendo en cuenta que, en teoría, se trataba de una de las joyas estratégicas de España. A partir de ese momento se empezaron a introducir mejoras tecnológicas que pasaron sobre todo por la instalación de modernos sistemas de ventilación con bombas. Las labores de galería también cambiaron pues se abandonó el trabajo con barrena y martillo para pasar al uso de perforadoras de aire comprimido en medio de una fina lluvia de agua para evitar la aparición de polvo. Incluso con estas mejoras, la jornada de los obreros seguía siendo muy limitada, pues se debía exponer al personal el menor tiempo posible a la presencia de azogue en el aire. En los años veinte del pasado siglo los mineros solían tener jornadas de seis horas en época invernal y sólo durante unos diez días al mes, pasando posteriormente un tiempo trabajando en montes o terrenos cercanos de propiedad pública como forma de mantener al minero en un ambiente más saludable. Fruto de aquellas mejoras fueron también varias escuelas, un hospital, un economato y casas para los obreros en la Dehesa de Castilseras donde cada uno de ellos podía trabajar una pequeña parcela.

Con las mejoras generales cabe pensar en un aumento de la producción, pero la llegada de la Guerra Civil hizo que apenas fluyera el mercurio. Curiosamente, con la extracción al mínimo, en el Pabellón Español de la Exposición Internacional de París de 1937, se exponía orgullosamente una fuente diseñada por Alexander Calder que surtía en circuito cerrado, en lugar de agua, mercurio procedente de Almadén, si bien algunas fuentes sospechan que parte del mercurio empleado podría proceder de las minas de Tímar, en la Alpujarra. Posteriormente la producción fue aumentando hasta llegar en 1964 a las 2.224 toneladas. Poco importó que a partir de entonces se modernizara nuevamente toda la tecnología empleada en las minas, porque la caída en la demanda mundial de mercurio había sentenciado finalmente ese modo de vida. Lejanas quedaban ya las épocas en que Almadén se había convertido en el centro mundial del azogue, un pequeño imperio que vio nacer a su alrededor una pionera escuela de minas o una lúgubre cárcel a la que se destinaban presos convertidos en mineros forzosos. También quedaban muy atrás los tiempos en que se enviaba penosamente a Londres todo el metal, pues allí se encontraba centralizado su comercio, mientras algunos intelectuales patrios gritaban para convertir Almadén en el verdadero centro del comercio de azogue o pensaban en emplear los minerales combustibles del cercano Puertollano para alimentar un futuro, y nunca realizado, plan de diversificación industrial.

Y así, lo que se suponía que debía ser un monopolio cuidado hasta el más mínimo detalle, fue pasando de década en década languideciendo, incluso cuando su producción se hallaba en lo más alto, en manos de administradores de lo más sorprendente. He ahí, por ejemplo, el extraño acuerdo sobre producción y *stocks* de mercurio al que llegó el Estado Español con Italia a principios de los años treinta o, en jugada mucho más literaria, el tiempo en que fueron los banqueros Rothschild quienes se hicieron con el control tácito de la explotación en virtud de una serie de contratos como el de 1870, por medio del cual les fue arrendada la explotación minera como especie de pago político en una negociación de créditos de los que, para variar, estaba muy necesitado el gobierno de la época.

UN APUNTE FINAL: EL MODORRO

De los peligros para la salud del mercurio se tiene constancia desde lejano tiempo, como puede mostrar, por ejemplo, la imponente obra de José Parés y Franqués titulada *Catástrofe morboso de las minas mercuriales de la Villa de Almadén del azogue*, publicada en 1778 y recuperada en tiempos recientes por el Profesor Alfredo Menéndez Navarro, de la Universidad de Granada. Una persona expuesta habitualmente al mercurio puede sufrir graves lesiones en los riñones o el sistema nervioso, sobre todo si la exposición se realiza por inhalación. Modernamente se ha observado que la ingestión accidental de pequeñas cantidades de mercurio acumuladas en el tiempo puede dar lugar también a malformaciones, ceguera y temblores como en el terrible caso de contaminación industrial en Minamata[*], Japón.

---

[*] Bahía de Minamata, años cincuenta, al sur de Japón. Con el marco cronológico y geográfico establecido, saltemos a la pequeña ciudad de la prefectura de Kumamoto que da nombre a la bahía citada. Desde entonces, y aunque el número de casos ha caído, un extraño mal ha afectado personas y animales. Aves costeras aparecían muertas en las playas, o bien se desorientaban sin aparente motivo. Un número considerable de niños y adultos mostraron síntomas muy extraños, su campo visual disminuyó, al igual que la coordinación motora. Algunas personas morían, otras sufrieron secuelas el resto de su vida. ¿Qué estaba sucediendo? No fue hasta 1968 cuando las autoridades admitieron lo que era un secreto a voces. Todo se debía a contaminación por mercurio de origen industrial. Los afectados habían consumido pescado de la bahía, en el que se concentró el mercurio vertido por una planta química cercana. Las concentraciones del metal líquido en el agua no eran muy elevadas, aunque tampoco serían tolerables según los parámetros ambientales actuales, pero no se contó con que microorganismos y peces concentran en su interior el mercurio y generan sales de gran toxicidad. Así, al consumirse el pescado que ha vivido en aguas que contienen mercurio, se ingiere tejido con metal concentrado muy tóxico. Un caso similar, también sucedido en Japón, concretamente en Nigata, reveló en los análisis del pescado que

En 1932 se refería Juan Fala con las siguientes palabras a los peligros de la exposición al mercurio en un artículo que publicó en el número 1.102 de la revista *Mundo Gráfico*, el 14 de diciembre de 1932:

> *El lector acaso ignore lo que es un intoxicado por los vapores de mercurio, un "modorro", como se les llama vulgarmente. (...) Pero vamos a describírselo, porque en los momentos actuales es ya difícil encontrar uno solo en todo Almadén, por el contrario de lo que sucedía hace varios años, en los que no era raro ver a los infelices obreros transformados en seres inútiles, masas informes de carne humana, con el sensorio embotado, con las bocas desdentadas, deshechas por la gingivitis hidrargírica, encías fungosas, grisáceas, tumefactas; enfermos con vómitos, con diarrea y con salivación constante; con desórdenes psíquicos y motores, con un temblor vibratorio de los músculos de la cara, de los brazos y de las piernas, que hacen en ellos la locución balbuciente y la marcha insegura, y que acaban con parálisis de grupos musculares, que retuercen la figura en actitudes que remedarían las más atormentadoras visiones dantescas. Este espectáculo doloroso y triste ha desaparecido totalmente desde que al frente del servicio sanitario de estas minas fue puesto un médico, profundo conocedor de los problemas higiénicos con ellas relacionados, el doctor don Guillermo Sánchez Martín, hombre inteligentísimo, dedicado por entero al estudio y solución de estos problemas, que ha hecho ese milagro de ahorrar en nueve años la salud y la vida de mil doscientos ochenta y seis obreros, que de otro modo hubieran caído fatalmente bajo la garra implacable de los vapores de mercurio.*

contenía la altísima concentración de 5 a 50 ppm, siendo en la actualidad los límites tolerables inferiores a 0,01 ppm (Referencia: *Productos Químicos Orgánicos Industriales*. Vol. I. Wittcoff, Limusa Noriega Editores. 1996.).

Este caso siempre me ha interesado de forma personal porque el causante de todo fue el metilmercurio. Durante años viví en las cercanías de un gran complejo industrial en Guardo (Palencia), que empleaba la misma tecnología y métodos que la de Minamata. El acetileno obtenido de carburo cálcico recorría diversas fábricas para dar lugar a multitud de compuestos orgánicos. Uno de los compuestos, el acetaldehído, tenía destino en la fabricación de plásticos. Para hidratar el acetileno y dar así lugar a la formación del acetaldehído, se empleaba mercurio como catalizador, proceso en el que se forma metilmercurio.

PATENTES DE GERMÁN BOTELLA

AVISO: Se han mantenido los documentos tal como aparecen de forma original. Algunos se encuentran parcialmente dañados y cuentan con anotaciones que no se han modificado.

Patente de Invención 67033
15/05/1918
Un nuevo procedimiento para descomponer el mercurio y obtener el radium metálico y oro que se encuentran formando dicho metal

INVENTO QUE HE REALIZADO Y QUE CREA UN NUEVA INDUSTRIA.
CONSISTE EN LA RADIOACTIVIDAD COMO NUEVO PROCEDIMIENTO
FISICO PARA DESCOMPONER EL MERCURIO Y SOLICITO UN PA-
-TENTE DE INVENCION PARA OBTENER EL RADIUM METALICO Y
ORO QUE SE ENCUENTRAN FORMANDO EL MERCURIO.

....

I

DESCRIPCION DEL PROCEDIMIENTO DE OBTENCION DE ESTOS DOS
CUERPOS

El procedimiento que he inventado para separar el radium metalico y oro que forman el mercurio, está fun- -dado en la descomposicion que sufre este cuerpo por la radioactividad en los tubos o ampollas de Crookes.

Las radiaciones que se producen en un tubo Crookes , cuando se practica el vacio por la descarga eléctrica de una bobina de induccion, quedan adheridas a las paredes de dicho tubo y si estas radiaciones han sido aumentadas porque el tubo contenia en su interior mercurio, se obser- -va entonces que este cuerpo queda descompuesto en radium metalico y oro, de que está constituido.

Desde que los radiologos han podido comprobar que el radium es una propiedad general de la materia, no me ha si- do dificil inventar el procedimiento de descomposición del mercurio para obtener el radium en un estado muy diferente al obtenido por los Curie. Demuestro la realidad del expe- -rimento que realizó con el mercurio el alquimista Von Helmont.

Para que se pueda apreciar la descomposición del mer- -curio por la radioactividad, tengo que nombrar las princi- -pales unidades eléctricas que han de emplearse en la ex- -plotación de esta nueva industria.

La industria que yo voy a montar para separar y vender

el oro y radium metálico que existen constituyendo el mercurio, no puede ser conocida el su verdadero alcance industrial hasta que no diga qué cantidades de oro y radium metálico contienen doscientos gramos de mercurio. Es preciso que se observe, que en la descomposición de este cuerpo por la radioactividad intervienen varios factores, tales como la cantidad de radiación, la potencia, el trabajo, calor y luz, que es preciso tener en cuenta para saber con exactitud las cantidades de mercurio que se descomponen......

Me precisaba señalar el procedimiento inventado, lo que es la potencia y el trabajo de una radiación que actúa descomponiendo un metal, y me precisaba fijar bien esta potencia y trabajo, en la descomposición del mercurio, porque tenía un gran interés en hacer ver que el calor y luz que producimos en los tubos Crookes es radium metálico que se aisla del mercurio hasta llegar a las milésimas de m/m en la producción del vacío, o sea hasta la formación del haz catódico en el mercurio.

II.

DESCRIPCION DEL TUBO

Las ampollas que he utilizado son del modelo corriente; tienen 30 centímetros de diámetro. El ánodo y cátodo tienen una diferencia entre si de 10 centímetros y son de hilo de Maillechort de 4 m/m de diámetro y a la vez terminan en punta. Tienen una inclinación respecto a un pequeño depósito que existe en el centro de la ampolla; este depósito mide exactamente 18 c/ms.c.c. y en la parte inferior se encuentra una abertura con su tapón y rodela de cauchú, que cierra herméticamente para producir el vacío. Toda la ampolla es de vidrio y la calidad de este varía según las distintas marcas; su grueso es de 1 a 2 milímetros. El vidrio de Jena es el mejor para la fabricación de estas ampollas. Las conexiones del ánodo y cátodo del tubo con la bobina de inducción, son mediante hilos que se unen con sus respectivos tornillos de contacto.

Represento aparte el modelo de estos tubos con los grados diferentes de vacio en los momentos que el mercu--rio se descompone en los dos cuerpos que lo forman.

lll.
FUNCIONAMIENTO DEL TUBO

La excitación de la bobina puede efectuarse por me--dio de la corriente continua o por la corriente alterna-tiva de fase única o rectificada.

Cuando se excita una bobina, cuyas antenas están pro--vistas de dos hilos dirigidos el uno hacia el otro, se ve producir entre sus extremos un manojo continuo de chis--pas, tanto mas calientes, ruidosas y nutridas cuanto mas poderosa es la bobina y mas intensa la corriente primaria. Las bobinas poderosas dan con los interruptores rápidos una raya de fuego, una chispa luminosa mas o menos gruesa y aun a veces una verdadera llama. La chispa, mas o menos gruesa, es la que constituye la fuerza de radiación o sea es la forma de descargar la bobina en el aire a la presión normal.

Si disminuimos la presión gaseosa en presencia del mercurio, disminuimos la resistencia del aire y a la vez, la del mercurio, y la chispa estallará a una distancia supe--rior de aquella que a la presión normal pasaria la cor--riente.

La descarga eléctrica en estos tubos, que contienen en su interior mercurio, se manifiesta por ráfagas. Estas rafa--gas son el anodo, una banda luminosa brillante de disposi--ción estratificada y de color variable. lrededor del mer--curio aparecen unas zonas luminosas; están separadas por un espacio oscuro, el espacio oscuro de Faraday. Estas rá--fagas de mercurio positivas siguen todas las revueltas del tubo y no se puede apreciar el color verde cuando el vacio se ha practicado en ácido carbónico, el rojo en el oxigeno, y el violeta en el aire.

Con un grado mayor de vacio (fracción de m/m) el es-

-pacio oscuro de Faraday llena casi completamente los átomos disociados del mercurio. La ráfaga anódica menos brillante se encuentra reducida a un pequeño espacio alrededor de los átomos de mercurio y alrededor del electrodo positivo del tubo. La vaina violeta de los átomos disociados de mercurio, correspondiente al catodo, se extiende y se divide en dos zonas liminiscentes concéntricas que dejan entre si un espacio oscuro ancho de algunos milimetros; el espacio oscuro negativo o **espacio oscuro Hittorf** (el mismo espacio que presenta el electrodo negativo del tubo).

Cuando se esfuerza todavia mas el vacio (milesimas de milimetro) el espacio oscuro de Hittorf aumenta, las zonas luminosas palidecen y desaparecen, en tanto que sobre la pared del cristal en donde se encuentra el mercurio, aparece una hermosa fluorescencia verde. Esta es radiación invisible que parte del mercurio, ya descompuesto, radiación que está constituida por los rayos catódicos (Hittorf 1869). En el tubo aparecen unos glóbulos amarillos y el radium en el otro aspecto que no se conoce.

Examinando los tres elementos que definen o caracterizan las corrientes de radiación en nuestros tubos, pude aclarar las relaciones que entre estos elementos existen desde el momento que disocié los átomos del mercurio y quedaron aislados estos de las paredes de dichos tubos.

Con el fin de poder dar exacta cuenta de estas disociaciones de los átomos de mercurio me conviene determinar bien la F.E.M.

IV.

LA F.E.M. CREADA EN EL TUBO

Si el trabajo producido en el tubo por un coulomb fuese una décima de kilográmetro, el potencial del tubo representa un volt; es la unidad práctica de potencial. De modo que el volt es el potencial que tiene el mercurio cuando se le pone en comunicación con el anodo y catodo del tubo y cada coulomb que pasa por este tubo produce un trabajo de una décima de trabajo.

Se entiende que el mercurio conductor, por el que pasa una cantidad de electricidad capaz de producir con trabajo igual a un erg, estaba cargado al potencial *uno* ; esta unidad del sistema C.G.S. o cejesimal, como se dice, es muy pequeña para las medidas ordinarias y por eso he tomado como unidad práctica para la descomposición del mercurio por la radioactividad el volt, antes definido, que vale 10^8 unidades cejesimales; de modo, que el anodo y catodo del tubo cargados de un coulomb de radiación a la temperatura de un volt puesto en comunicación con el mercurio que existe en el interior de dicho tubo, la descarga, puede producir un trabajo de 100000000 de erg, y como 98.1000.000 de estos componen un **kilográmetro**, un coulomb de radiacion al pasar del potencial *uno* al potencial *cero* producirá un trabajo $\frac{100000000}{98.1000.000} = 0.102$ kilográmetros, o aproximadamente, una décima de kilográmetro como he dicho que es proximamente la carga de un elemento de la pila Daniell.

Puedo definir el volt en estos tubos del siguiente modo: es la **fuerza de radiación** que al pasar por el mercurio de **resistencia** de un Ohm produce un bombardeo de electrones igual a un Ampere.

Si el anodo y catodo del tubo, buenos conductores del calor, se ponen en comunicación, a elevada temperatura, con el mercurio, que la tiene menor, se establece una corriente del calor del anodo y catodo caliente al mercurio frio, debida a la diferencia de potencial térmica, o diferencia de temperatura, que en este caso es con interrupciones.

La diferencia de potencial térmica con interrupciones, se puede medir por el trabajo producido, y la unidad de diferencia de potencial, o fuerza de radiación, será función del trabajo producido ya que, tomado por unidad de potencial a la cantidad de radiación que produce un trabajo igual a la unidad; así cuando el anodo y catodo del tubo, cargados de radiacion, están en movimiento produce un erg; la cantidad de radiación de que se halla cargado el anodo y catodo, es la unidad. Cuando la radiación corre por el mercurio, este se calienta, y he aquí el trabajo producido; y determinando el número de calorías adquirido por el mercurio, multiplicándolo por 424, número de kilográmetros a que equivale una caloría, se tendrá el trabajo de kilográmetros, y si la cantidad de radiación que ha pasado es un coulomb, el trabajo producido expresará el valor de la unidad de diferencia de potencial.

Considerando ya el tubo en cuestión como un genrador y a la vez receptor, porque la descomposición del mercurio se verifica del modo que he indicado, si la fuerza de radiación de una bobina que descarga en el tubo, es de una tensión de 125 volts, y de 8 ohms, la resistencia del mercurio y del aire, obsérvese, que la intensidad en la descomposición del mercurio, es precisamente de 15.625 amperios.

15.625 amperios = 125 volts : 8 ohms

Si fuese de 100 volts y 4 ohms, el amperómetro marcaría 25 amperios, es decir

25 amperios = 100 volts : 4 ohms

Y en general si llamamos E la tensión de la bobina I la intensidad de la fuerza de radiación y R la resistencia del mercurio que se descompone, tendremos.

I = E:R

La diferencia de potencial del tubo se conoce por la fórmula

E = RxI

Si nos propusiéramos averiguar la cantidad de calor que se produce en la descomposición del mercurio por la radioactividad, no tendríamos mas que discurrir del siguiente modo: sea E la fuerza de radiación de la bobina, R la resistencia del mercurio, I la intensidad de la radiación necesaria para descomponer este cuerpo; es evidente que la fuerza de radiación disponible es E x I vatts; considerando para este caso que en el mercurio no existe generador ni receptor, toda esta radiación aparece en su integridad convertida en calor.

En esta expresión de la radiación si ponemos en lugar

de E su equivalencia, o sea, R x I y si, para el resultado expresado en calorias, multiplicamos por 0.24 que es equi--valente de la caloria gramo, tendremos la fórmula

$$E \times I = R \times I \times I = R \times I^2$$

Cualquiera que sea la circunstancia en que la resisten--cia del mercurio en el interior del tubo, R ohms, esté recor--rida por una radiación de I amperes de intensidad, la canti--dad de radiación que, bajo la forma exclusivamente de calor, aparece a <u>cada segundo</u> en esta resistencia, estará represen--tada en todo caso por

$$R \times I^2 \times 0.24$$

Ejemplo: Sobre un tubo radiógeno que contiene en su interior mercurio, pasa una radiación de 30 amperes de intensidad y la resistencia es de 4.16 ohms, la cantidad de calor producido en cada segundo en esta radiación será. -

$$R \times I^2$$

Sustituyendo

$$4.16 \times 30^2 = 4.16 \times 900 = 3744$$

Y expresando este resultado en calor

$$3.744 \times 0.24 = 898.56$$

Se manifiestan, o aparecen, en esta radiación 898.56 calo-rias gramos por segundo.

No es el voltage que se crea en la descomposición del mercurio, una f.e.m. superior a la de la bobina de inducción. El calor del mercurio disminuye en los momentos en que sepa--ra el radium de este metal, aislandose de la paredes del tu--bo, para crear un trabajo, que termina cuando se forma en di--cho tubo el haz catódico.

Podemos calcular en coulombs la cantidad de radiación que descargan los tubos; basta multiplicar la intensidad en amperes por la duración o tiempo en segundos.

$$= I \times T$$

Se determina la cantidad de una radiación en amperes, dividiendo esta cantidad, expresada en coulombs, por el tiempo en segundos.

La potencia de una radiación de un amepere de intensi--dad y un volt, forman el vatt, y, por lo tanto, multiplicando los volts por los amperes, nos dan los vatts, es decir,

Vatt = Volt x Ampere.

La potencia de una radiación, es la cantidad de traba-jo que esta radiación puede realizar en la unidad de tiempo, o por mejor decir, el resultado o cocciente de dividir el tra-bajo por el tiempo que se ha invertido, ó empleado en eje-cutarlo.

El trabajo que se efectúa en la descomposición del mer-curio por la radioactividad, depende de la marcha y de las condiciones en las cuales se verifica el funcionamiento del tubo.

La potencia de la fuerza de radiación en esta descompo-sición del mercurio, será siempre la cantidad de trabajo que esta fuerza puede realizar durante un segundo; de manera, de-cirse puede, que la unidad de la potencia de radiación es la unidad de trabajo ejecutado durante un segundo.

V.

MODO DE RECOJER LAS EMANACIONES DE RADIUM

Para poder recoger y aislar de los tubos la emanacio-nes de radium, hay que dejar que penetre el aire en estos tubos, sacando el oro y, luego, se aspira por medio del vacío, o se arrastran las emanaciones de radium por medio de una corriente de aire, o condensándolas como cualquier otro gas, que es el prodedimiento de Rutherford.

VI.

PROBLEMAS

¿Cual es el trabajo de un tubo radiogeno, que descom-pone el mercurio, durante diez minutos, consumiendo doce am-peres, con una diferencia de potencial de 125 volts?

¿La resistencia conocida del mercurio en el interior de un tubo radiógeno, es de 4.16 ohms, el amperómetro marca 30 amperes ¿cual es la diferencia de potencial en esta des-composición del mercurio?

Una bobina de inducción debe suministrar a un tubo ra-

-diógeno, 1.500 vatios ¿cual es el número de amperes que debe producir, en el caso de que el voltage sea de 125 voltios?

Una bobina de inducción que trabaja en un tubo radió-geno, siendo sus caracteristicas 125 volts y 30 amperes, ¿cual será la potencia, en esta descomposición, del mercurio?

Una bobina de inducción en un tubo radiógeno produce 30 amperes y 125 voltios para descomponer el mercurio ¿cual es su potencia en vats?

Un tubo radiógeno exije para su funcionamiento, en la descomposición del mercurio, 125 volts y 30 amperes ¿cual será la resistencia de este cuerpo?

Para la excitación de un tubo radiógeno, que ha de desecomponer al mercurio, se exije de la bobina de inducción una diferencia de potencial de 125 volts. y 30 amperes ¿cual es la potencia gastada en excitar a este tubo, y en qué relación está este gasto con la descomposición que ha sufrido dicho cuerpo?

Con una diferencia de potencial de 125 volts que tiene la bobina, se desea hacer funcionar un tubo radiógeno que contiene en su interior mercurio de 4.16 ohms ¿cual será la intensidad necesaria para descomponer este cuerpo?

Vll.

OBSERVACIONES
.....

La producción industrial del oro y radium metálico por descomposición del mercurio por la radioactividad, la podré aumentar cuando mis intereses lo requieran, bien aumentando el número de instalaciones de radiologia, o bien fabricando tubos mayores, que puedan ser de otra naturaleza aisladora de la electricidad que no sea el vidrio, siempre que podamos ver que se ha practicado el vacio en la descomposición del mercurio por la descarga eléctrica de una bobina de inducción.

No he querido ennumerar el número de aparatos que se necesitan para montar esta industria, porque la ley no pide mas que la novedad en que se funda el invento, y al dar una descripción de este, se comprende fácilmente los accesorios que le acompañan y que son del conocimiento genéral.

Esta novedad del procedimiento de descomposición del mercurio, me dá como resultado dos cuerpos diferentes que no sabemos la utilidad práctica que pueda tener uno de ellos ,(el radium), desde el momento que lo doy a conocer en otro aspecto tan diferente al que conocen fisicos y quimicos.

NOTA QUE, CON ARREGLO AL ARTICULO 60 INCISO 3º DE LA LEY DE LA PROPIEDAD INDUSTRIAL DEL 16 DE MAYO 1902, HA DE CON- -SIGNARSE COMO OBJETO UNICO DE LA PATENTE.

Objeto único sobre el cual ha de recaer la patente, y que presento como nuevo y de propia invención, porque no se ha practicado ni establecido de ningún modo y forma en el pais ni en el extrangero, y constituye, por lo tanto, una novedad.

CONSISTE LA NOVEDAD DEL INVENTO. En la electricidad inducida que, al pasar por el mercurio que se encuentra en el inte- -rior de un tubo radiógeno, de vidrio de Jena, con anodos y catodos (bi-polares), e inclinados estos hacia el centro de dicho tubo, se presentan las mismas radiaciones que cuando se practica el vacio en la misma forma y modo en uno de uno de los llamados <u>tubos Crookes</u>, porque el mercurio con- -tiene estas mismas radiaciones, y al descomponerse por la descarga eléctrica de la bobina de inducción, lo realiza dando como resultado, <u>la separación del oro y radium metá- -lico que se encuentran formando el referido mercurio</u>. En esta descomposición existe un trabajo por la diferencia de temperatura del anodo y catodo del tubo caliente con el mer- -curio frio; es el voltio, y conociendo el volt, se conoce la potencia, el trabajo y el calor establecido en el funciona- -miento del tubo, unidades eléctricas que, si bien son cono- -cidas, constituyen una novedad al ser aplicadas del modo que indicamos. Este procedimiento fisico es el que recibe el nombre de <u>radioactividad</u>, y con la descomposición que sufre de este modo el mercurio, exponemos algunos ejemplos prác- -ticos para la explotación de la nueva industria que se de-

-ducen del invento mencionado.

Alicante 5 Julio 1918.

Germán Botella

Nota: La patente recaerá sobre un nuevo procedimiento para descomponer el mercurio y obtener el rádium metálico y oro que se encuentran formando dicho metal.

Madrid 13 de Julio 1918

Botella

CONFORME CON SU DUPLICADO
El Secretario

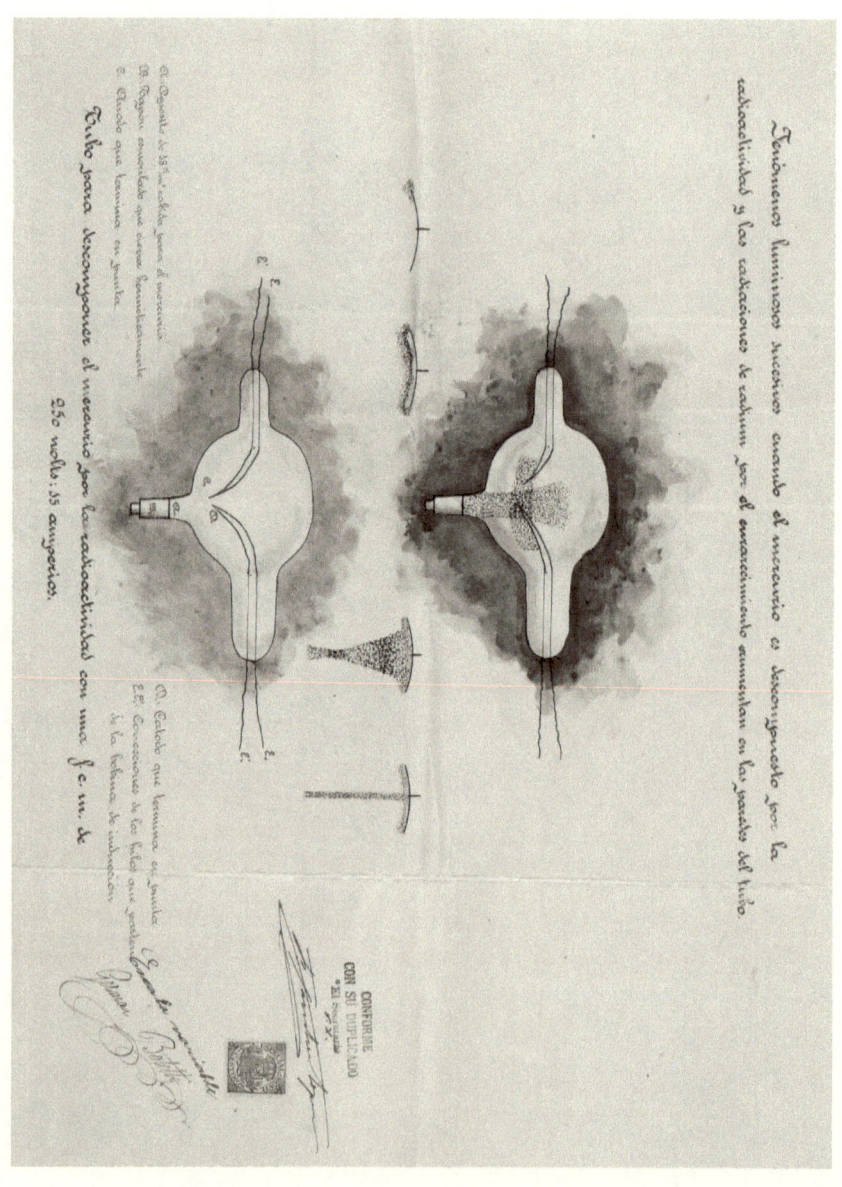

Patente de Invención 67986
05/10/1918
*Procedimiento de liquidar el radium y obtener a la vez
en grandes cantidades el oro*

EL INDUSTRIALISMO DE UN INVENTO

Horno eléctrico para descomponer el mercurio en los dos cuerpos que lo constituyen, y obtener el radium como un cuerpo simple en su estado líquido y de pureza.

FUNDAMENTO CIENTIFICO DEL HORNO

Salida de los gases inertes o radio-activos por un orificio practicado en pared delgada. Teniendo en cuenta que el aire ejerce presión sobre todos los cuerpos, ocurrirá, al practicar un orificio en un tubo que contenga gases radio-activos, que estos se precipitarán al exterior, siempre que su presión sea mayor que la que ejerza la atmósfera sobre la sección del orificio; si la presión de los gases inertes es igual a la ejercida por la atmósfera, no habrá salida de gases, pudiendo solo ocurrir una mezcla por difusión, y por último si la presión de los gases radio-activos encerrados es menor que la de la atmósfera, penetrará el aire por el orificio del tubo. Este es el fundamento científico para liquidar el radium y obtenerlo en su estado de pureza. Veamos cómo se producen los gases radio-activos que constituyen el radium y se encuentran en el mercurio.

No es posible comprender la descomposición que sufre el mercurio en estos hornos eléctricos, sin tener presente antes cómo se forma el circuito del anodo y catodo en presencia del mercurio en uno de los tubos llamados Crookes. En estos tubos se demuestra que el mercurio está constituido de radiaciones diferentes, es decir, que el mercurio contiene iones, y cuando se habla de iones se supone que las substancias están disueltas. Determinamos el grado de disociación del mercurio, o sea, la proporción por ciento del número de átomos disociados. Al formarse el circuito del anodo y catodo del tubo Crookes en presencia del mercurio, se demuestra que este metal no es un cuerpo simple. El paso fácil de la corriente inducida al través del mercurio, arrastra consigo ciertos elementos: unos hacia el polo positivo, y otros hacia el polo negativos.

Los elementos que la corriente inducida arrastra, son los que denominó Faraday iones, recibiendo en especial el nombre de aniones los que se dirijen al polo positivo (anodo), y cationes los que se dirijen al polo negativo (catodo).

Si el mercurio deja pasar la corriente inducida, es porque en él hay iones y que estos no se forman por la acción de la corriente, sino que existen de antemano en dicho cuerpo. La carga eléctrica modifica totalmente las propiedades de los iones. Los aniones, que son atraidos por el polo positivo (anodo) tienen carga negativa, pues es sabido que electricidades /del mismo nombre/ se repelen, y de distinto nombre se atraen. Los cationes atraidos por el polo negativo (catodo) tienen, por idéntica razón, carga positiva.

La salida de los iones que se producen de este modo en los tubos Crookes, es la salida de gases que tienen la misma propiedad que los rayos canales, catódicos y X. Esta salida de gases radio-activos se calcula como la de los líquidos, teniendo en cuenta el teorema de Torricelli: "La velocidad con que un líquido sale por un orificio, es igual, a la que tendría un cuerpo grave al pasar por dicho orificio, si cayendo en el vacío, viniera desde la superficie de nivel del líquido".

Si el mercurio se descompone por la electricidad inducida en los tubos Crookes del modo que acabamos de indicar más arriba, constituyendo unos hornos en iguales condiciones científicas, tendremos industrializado el procedimiento de obtención de los gases radio-activos y el oro en grandes cantidades.

Para liquidar los gases que se producen en estos hornos, hay que conocer antes en qué cantidad se producen, y para ello precisa determinar bien el voltaje del horno y su presión. Cuando más diferencia hay entre los electrodos del horno y el mercurio, existirá un mayor voltaje, y la descomposición del metal se realizará en menos tiempo, así como cuando la diferencia de los electrodos con el mercurio es menor, la descomposición del mismo tarda más tiempo.

La longitud de la chispa de la bobina, es la que sirve para establecer la distancia entre los electrodos del horno eléctrico y el mercurio que ha de transmitarse puesto que la chispa se produce en estos hornos.

FUNCIONAMIENTO DEL HORNO ELECTRICO POR LAS CORRIENTES INDUCIDAS DE ALTA TENSION Y FRECUENCIA.

Los gases que se producen en estos hornos, al paso de la corriente inducida de alta tensión y frecuencia por el mercurio, son gases extensos e impenetrables y presentan en el más alto grado las propiedades de la porosidad y de la elasticidad, es decir, que son gases que adoptan el verdadero estado elástico, que no sienten la fuerza expansiva, porque ocupan su verdadero espacio y están dotados sus electrones de movimientos oscilatorios, el más comprensible de todos los movimientos que tiene la materia. Los volúmenes de estos gases no disminuyen en razón inversa de las presiones que sobre ellos se ejercen, es decir, no obedecen a la ley que se conoce en la ciencia con el nombre de ley de Mariotte, del físico que la descubrió, ni tampoco al principio de Pascal, esto es, "que la presión recibida en un sentido, la transmiten en todos sentidos. Estos gases son radio-activos porque solo transmiten en todos sentidos las perturbaciones del éter.

LA ENERGIA DEL RADIUM Y SU CONSTITUCION QUIMICA.

La propiedad característica de los gases radio-activos, es la absoluta independencia de que gozan sus electrones; se demuestra esto por los fenómenos luminosos que la chispa de inducción produce al atravesar un tubo que tenga gases muy rarificados o al atravesar la "materia radiante". Las presiones de los gases radio-activos se suman al producirlos en el horno eléctrico, indicio claro de que los electrones individuales de estos gases se yuxtaponen ejerciendo entre sí influencia, porque existe un trabajo mecánico destinado a su separación, y es porque estos electrones están dotados de movimientos oscilatorios que, al chocar sobre las paredes del horno, por su gran cantidad, determinan su presión, y reflejándose, para chocar de nuevo, originan una presión constante; como esta presión es considerable y resulta de la energía de los electrones gaseosos, o sea, de su fuerza viva MV, siendo su masa muy pequeña, los movimientos de oscilación de que están animados los electrones deben de ser muy considerables y nunca podrán ser recogidos bajo otro estado de la materia, porque estos gases son los que Faraday, con el nombre de <u>cuarto estado de la materia</u>, designó, y Crookes los define con el nombre de <u>materia radiante</u>; es la composición química del radium, este estado gaseoso de los electrones que tienen la misma propiedad que los rayos canales, catódicos y X; y que no pueden ser reducidos a materia sólida.

RUPTURA BRUSCA DEL CIRCUITO DEL HORNO

<u>Camino medio libre</u>. Es lógico suponer que siendo numerosos los electrones que contiene el mercurio, no han podido caminar libremente si no espacios infinitamente pequeños, originándose infinidad de choques o colisiones entre los electrones gaseosos. Cuanto menor ha sido el número de estos (lo que se consigue por el circuito que se forma en el horno en presencia del mercurio, dando a la vez salida a los gases) mayor ha sido el trayecto recorrido por las presiones que sufren los electrones que quedan sin encontrarse mútuamente. El espacio recorrido por el electrón entre dos de esas colisiones, es lo que Crookes designó con el nombre de "camino medio libre". La ruptura brusca del circuito del horno, sobreviene en este caso, y nos indica que el mercurio se halla transmutado, porque los iones que contenía recorren un mayor espacio en el horno.

CALOR DE COMPRESION DE LOS GASES RADIO-ACTIVOS EN EL HORNO ELECTRICO

Si comprimimos los gases radio-activos producidos en estos hornos, existirá un aumento de temperatura. La energía de los gases radio-activos no es solo debida a los movimientos de oscilación de sus electrones, sino también al movimiento de trasladión. Tanto en uno como en otro, constituyen ambos movimientos la energía total, siendo por lo tanto la energía procedente de las velocidades de traslación, un divisor o parte alícuota de la energía total. Esta, según lo que llevamos dicho, depende solo y exclusivamente de su temperatura, puesto que las velocidades de los electrones dependen únicamente de la temperatura y aumentan con ella. Si la energía total de los gases radio-activos depende tan solo de su temperatura, nada tiene de particular que permaneciendo constante la presión en el horno eléctrico, se demuestre que estos gases radio-activos no se dilatan, porque siempre mantienen el mismo calor; luego el calor de compresión de los gases radio-activos no es debido mas que a la presión.

LA PRESION DE LOS GASES RADIO-ACTIVOS EN EL HORNO ELECTRICO

En el horno eléctrico que descomponemos el mercurio por la electricidad inducida de alta tensión y frecuencia, se produce el vacío y las presiones van aumentando. Estas presiones dependen, según lo dicho anteriormente, solo de la energía de los gases radio-activos, o sea, de la fuerza viva de que están animados sus electrones; parece lógico deducir, que a medida que se hace el vacío en el horno por descomposición del mercurio, la fuerza viva de los electrones decreciera. Esta consecuencia no es verdadera, porque los electrones que quedan en estos hornos poseen una energía poderosísima y mucho mayor que cuando se encontraban en el mercurio en estado neutral. Al rarificar el mercurio, su masa disminuye mucho, pero no es menos cierto que el camino medio libre que los electrones pueden recorrer en el horno, es mucho mayor cuando tienen salida los gases y que los choques o colisiones entre los electrones, o sea, lo que llaman el bombardeo de electrones, termina también cuando sobreviene la ruptura brusca del circuito del horno, estableciéndose los movimientos de oscilación o equilibrio de estos electrones, y por lo tanto la velocidad de los mismos aumenta, y aunque la fuerza viva está en razón directa de la masa, está en razón directa del cuadrado de la velocidad, y poco importa que el factor primero haya disminuido, si el segundo ha aumentado notablemente, por el producto de ambos, o sea, la fuerza viva habrá crecido. Los gases que se encuentran en el mercurio, bajo el estado de iones, no están dotados de fuerza de expansión, y por eso a estos gases se les llama materia radiante, porque necesitan ser rarificados para obtenerlos sin perder sus propiedades físicas. Cuando se rarifica un gas dotado de fuerza de expansión, no comunica más calor que el necesario para quedar convertido en radio-activo.

PROPIEDADES FISICAS DEL RADIUM

Al tostar el mineral del cinabrio en corriente de aire, se produce la siguiente reacción:

$$Hg + O_2 = Hg + SO_2$$

Los vapores de anhídrido sulfuroso son los que liquidan a los gases radio-activos al tostar el mineral del cinabrio, o sea, a los gases que no sienten la fuerza de la expansión y por eso el mercurio se nos presenta en el estado líquido.

En el estado líquido el radium desprende muy poco calor y electricidad pero, en el momento sufre la evaporación, los gases que lo constituyen, son capaces de disolver el metal más dúctil. Esta propiedad del radium es debida a la gran cantidad de calor y electricidad que tiene acumulada bajo el estado líquido; luego el radium en el estado líquido no presenta ningún peligro.

En los gases que sienten la fuerza de expansión, al liquidarlos disminuye la elasticidad de que están dotados, y en los gases radioactivos disminuye tan solo el calor, luz y electricidad que contienen.

En todas las reacciones para obtener el mercurio del cinabrio, hay un gran desprendimiento de calor y por eso se presenta el mercurio en el estado líquido, como sucede cuando se calcina el cinabrio con cal, dando la reacción siguiente:

$$4\,HgS + 4\,CaO = CaSO + CaS + Hg$$

PESO ATÓMICO DEL RADIUM

En los procedimientos empleados para determinar los pesos atómicos, no se especifica bien la cantidad de energía que tienen acumulada los cuerpos simples. Los átomos de los gases radio-activos, se diferencian de los ordinarios, en que están cargados de electricidad y siempre ha de resultar mayor el peso de estos átomos al de los otros que contienen mayor masa.

LIQUIDIFICACION DEL RADIUM QUE CONTIENE EL MERCURIO

Llamando 1 al volumen de los gases radio-activos que se producen en el horno eléctrico, sabemos que a tº dicho volumen es $1+t$º.

La presión que ejercen los gases radio-activos a t grados, será mayor que a cero grados, en todo lo que el volumen es desde 0 a t, es decir, que si estas presiones las llamamos Ht y Ho tendremos evidentemente:

$$Ht = Ho\,(1+t)$$

Si t es igual a la cantidad de calor que contiene los gases radio-activos, la presión será cero o nula a t grados de temperatura bajo cero, y puesto que la presión que ejercen los gases radio-activos es debida a su fuerza viva, si aquella es nula, esta lo será también, esto es, a t grados bajo cero, los electrones gaseosos estarán en reposo, o sea, los gases radio-activos no contendrán calor, este será sin duda algún el cero absoluto de temperatura; contando desde él los grados termométricos, la energía total de los gases radio-activos está en razón directa de la temperatura.

El físico no ha llegado ni con mucho a esos 273 grados bajo cero, porque es llegar al mismo estado en que se encuentra el éter, y por eso no existe ningún gas perfecto.

NOTA QUE CON ARREGLO AL ARTICULO 60, INCISO 3º DE LA LEY DE LA PROPIEDAD INDUSTRIAL DEL 16 DE MAYO 1.902, HA DE CONSIGNARSE COMO OBJETO UNICO DE LA PATENTE.

Objeto único sobre el cual ha de recaer la Patente y que presento como nuevo y de propia invención, porque no se ha practicado ni establecido de ningún modo y forma en el país ni en el extranjero y constituye por lo tanto una novedad.

CONSISTE LA NOVEDAD DEL INVENTO: "En liquidar el radium que contiene el mercurio y obtener al mismo tiempo, en grandes cantidades, el oro, demostrando, a la vez, que el radium no es un cuerpo sólido y que por su naturaleza gaseosa, no puede ser recogido por otro procedimiento para evidenciar que es un cuerpo simple y poder luego formar compuestos con otros cuerpos. Es el procedimiento físico de liquidar el radium, la novedad del invento, pues se esclarece la composición química del mismo, y es el aparato donde se verifica esta operación tan solo un medio de industrialización del procedimiento".

"Consta el aparato, que puede ser de cualquier aislador de la electricidad y de formas diversas, de las piezas siguientes: De un horno eléctrico A (que represento aparte), donde se producen los gases radio-activos del mercurio que se tratan de liquidar; este horno comunica por medio de un tubo con un manómetro M, que indica la presión; el tubo CR está rodeado de anhidrido sulfuroso y de anhidrido carbónico. Cuatro bombas funcionan alternando dos a dos, para condensar primero y después extraer los vapores de dichos anhidridos, consiguiendo temperaturas de 140º bajo cero y presiones de 500 atmósferas"
El interlineado manuscrito "del mismo nombre" Vale.
Alicante 30 de septiembre de 1.918.

Germán Botella

Nota = La patente que se solicita habrá de recaer:

Sobre un procedimiento de licuidar el radium y obtener á la vez en grandes cantidades el oro.— Entre lineado: 5 pagina 5 Vale

Madrid 10 Diciembre 190?

CONFORME CON SU DUPLICADO
El Secretario

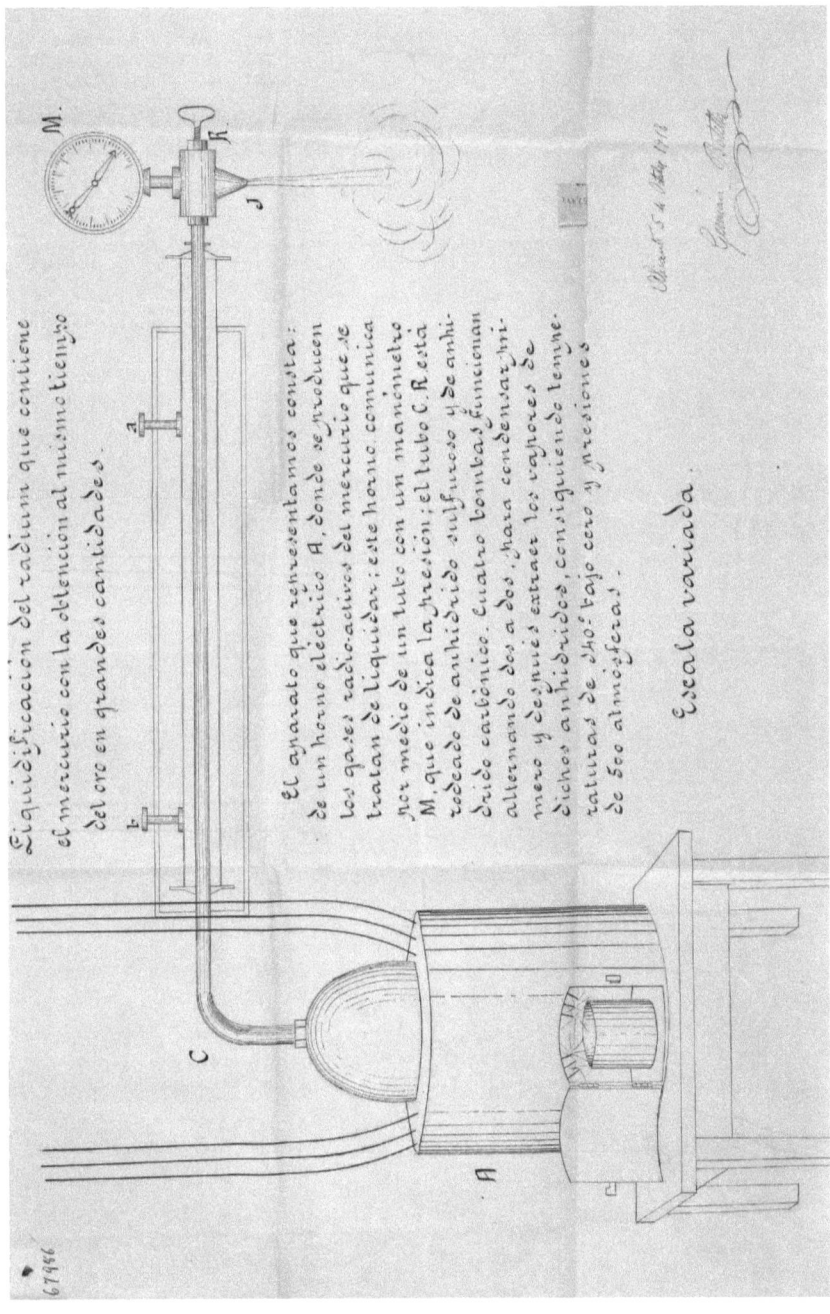

Patente de Invención 70553
02/08/1919
Un nuevo procedimiento para descomponer el mercurio y obtener el radium metálico y oro que se encuentran formando dicho metal

Memoria descriptiva
que se acompaña a la solicitud de un certificado
de adición
por
"Mejoras introducidas en el objeto de la patente de invención número 67.033"
a nombre de
Don Germán Botella Pérez, de Alicante.
que desde 13 de Agosto de 1918, tiene expedida a su favor la patente principal.

━━━━━━━━━━━━━━━━━━━━━━

Las mejoras o perfeccionamientos introducidos en el objeto de la patente de invención número 67033, que fué concedida al peticionario sobre "Un nuevo procedimiento para descomponer el mercurio y obtener el rádium metálico y oro que se encuentran formando dicho metal", consisten en las aclaraciones que a continuación se detallarán, que por omisión dejaron de consignarse en la Memoria de la patente principal.

Estas aclaraciones que constituyen la demanda del certificado de adición que se presenta para estar en posesión del correspondiente título de propiedad, se refiere a la separación de los anillos concéntricos de anhídrido sulfuroso que contiene el mercurio, según se se detallará.

El mercurio es una substancia discontínua constituido por globulillos de oro, polvo metálico, bañado por una pequeñísima cantidad de anhídrido sulfuroso. La separación del anhídrido sulfuroso se consigue por la acción de las ondas hertzianas o electromagnética en el referido cuerpo que se ha tenido hasta ahora como simple; se forma un campo eléctrico con una diferencia de potencial bien determinada. Merced a esta diferencia de potencial, el anhídrido sulfuroso se separa y

-2-

saltan de globulillo en globulillo chispas que funden en parte el oro, estableciéndose soldaduras tenues que hacen desaparecer en su totalidad todo el anhidrido que contiene el mercurio.

Sometido el mercurio a la acción de las ondas hertzianas, pierde parte de su peso atómico en la proporción que queda convertido en oro, y estas oscilaciones de la electricidad no son más que corrientes termoeléctricas, determinadas por un efecto Joule.

El estado líquido del oro en el mercurio a la presión y temperatura normal, es debido al anhidido sulfuroso que contiene. No es un coeficiente de dilatación el que ha sufrido el oro en este caso, ha sido una combinación con el oxígeno y azufre, combinación que comprueba de un modo indubitable la disposición que tienen los electrones.

Al fundamentar este procedimiento físico tuve presente que en el mercurio son dos los líquidos que han sido no susceptibles de mezclarse, y que se hayan superpuesto de modo, que satisfacen cada una de las condiciones de equilibrio establecida para el caso de un solo líquido, es decir, que el equilibrio es estable "porque los líquidos se hallan superpuestos por orden de densidades decrecientes de abajo arriba".

"La separación de estos líquidos en el mercurio, reconoce por causa la misma que origina el que los sólidos sumergidos en un líquido más denso que ellos floten en la superficie".

En virtud de esta Ley de hidrostática sobrenada siempre el anhidrido sulfuroso en el oro, constituyendo de este modo el mercurio.

La temperatura de descomposición del mercurio en polvo de oro es de 40 grados formando el calor de evaporización del líquido menos denso que contiene en su periferia.

Por último; la capacidad electrostática que tiene el mercurio con el anodo y catodo del tubo es de 2 a 3m/m.

N o t a.

Rei

vindico como de mi única y exclusiva invención y como objeto sobre el cual ha de recaer el certificado de adición que se solicita,"Mejoras introducidas en el objeto de la patente de invención número 67033",cuyas particularidades características ya descritas en esta Memoria y que tambien reivindico como de mi propiedad consisten en lo siguiente:

A la separación de los anillos concéntricos de anhidrido sulfuroso que contiene el mercurio;este es una substancia discontínua constituido por globulillos de oro,polvo metálico,bañado por una pequeña cantidad de anhidrido sulfuroso,consiguiéndose la separación del mismo por la acción de las ondas hertzianas o electromagnéticas en el referido cuerpo,que se ha tenido hasta ahora como simple;se forma un campo eléctrico con una diferencia de potencial bien determinada,y merced a esto el anhidrido sulfuroso se separa y saltan de globulillo en globulillo chispas que funden en parte el oro,estableciéndose soldaduras ténues que hacen desaparecer en su totalidad todo el anhidrido que contiene el mercurio.

Sometido el mercurio a la acción de las ondas hertzianas, pierde parte de su peso en la proporción que queda convertido en oro,y estas oscilaciones de la electricidad no son mas que corrientes termoeléctricas,determinadas por un efecto Joule.

El estado líquido del oro en el mercurio a la presión y temperatura normal,es debido al anhidrido sulfuroso que contiene. No es un coeficiente de dilatación el que ha sufrido el oro en el caso actual,ha sido una combinación con el oxígeno y el azufre,combinación que comprueba de un modo indubitable la disposición que tienen los electrones.

La temperatura de descomposición del mercurio en polvo de oro es de 40 grados formando el calor de evaporización del líquido menos denso que contiene en su periferia,siendo la capacidad electrostática que tiene el mercurio con el anodo y el catodo del tubo de 2 a 3 m/m.

-4-

El radium o substancia radiactiva que obtiene el que suscribe, es el anhídrido sulfuroso procedente del mercurio que contiene las paredes de un tubo Crookes, sometido el referido anhídrido al vacío de Hittorf.

Todo según queda expuesto en la precedente Memoria, se reivindica en ésta Nota y a los fines que se han especificado.

Esta Memoria consta de cuatro hojas, escritas por una sola cara.

Madrid, 2 de Agosto de 1919.
Por autorización del interesado.

Patente de Invención 80066
28/11/1921
Un procedimiento para destilar la emanación radium
contenida en el mercurio

30.V.66

Memoria descriptiva
que se acompaña a la solicitud de una patente de invención por veinte años en España,
a favor de
Don Germán Botella Pérez.
residente en Alicante.
para

"Un procedimiento para destilar la emanación radium contenida en el mercurio".

========================

La solicitud de privilegio de invención que corresponde a esta Memoria, refiérese, como su enunciado indica a un procedimiento para destilar la emanación radium contenida en el mercurio.

Consiste mi invención en un fenómeno que he podido observar al aislar y separar átomos eléctricos del mercurio que elevan un vacío preventivo. Yo he logrado producir con los rayos luminosos ultra-violetas de un vacío imperfecto, una fluorescencia en el azogue que queda separada del referido cuerpo. La fluorescencia separada del mercurio, comunica una radiactividad inducida a todos los cuerpos que le rodean. Esa fluorescencia no se produce de un modo continuo, es provisional o temporaria.

Puede ser arrastrada cuando está fijada en las rodelas de aluminio, bien por la acción directa y constante sobre el mercurio de los rayos luminosos ultra_violetas, bien al dejar penetrar el aire en el tubo de una manera brusca.

El fenómeno que acabo de exponer se produce bajo ciertas condiciones. No hay producción de fluorescencia en el azogue si los rayos luminosos ultra-violetas no sufren una reflexión al actuar sobre la superficie del cuerpo. Cuando el azogue obrando como un espejo hace la reflexión, no tan solo de los rayos luminosos ultra-violetas, si no también de las eléctricas on-

das, hay una producción de emanación de la contenida en el mercurio. Esta producción de emanación es en gran cantidad, cuando existe una regular reflexión, pero desde el momento que los rayos luminosos ultra-violetas y las eléctricas ondas, sufren una irregular reflexión, es decir existe una difusión de la reflexión por éspera superficie, ya no hay más producción de emanación y esta queda sobre la superficie que servía para reflejar las ondas.

En el dibujo adjunto se representa el aparato que utilizo, para separar en la cantidad en que existe la emanación del mercurio, del modo siguiente:

El tubo $\underline{B}$, fabrica los rayos luminosos ultra-violetas y las eléctricas ondas en un vacío imperfecto. El tubo $\underline{A}$ hace la reflexión de los rayos luminosos ultra-violetas y eléctricas ondas, produciendo la destilación de la emanación contenida en el mercurio. El tubo más pequeño $\underline{C}$, sumergido en el aire líquido a una temperatura inferior a $200°$, condensa toda la emanación contenida en el tubo $\underline{A}$ que se hace obscuro, mientras el tubo $\underline{C}$ aumenta en luminescencia.

El tubo $\underline{A}$ tiene un vacío un poco más elevado que el tubo $\underline{B}$.

De estos trabajos, yo obtengo cantidades de emanación, mucho más importantes que las que emite el radium.

Las rodelas de aluminio con emanación pueden ser depositadas en pequeños frascos que pueden contener estos frascos otras substancias para hacerlas radiactivas y presentarlas así en el comercio y aun se puede conseguir de este modo una gran cantidad de emanación en un mismo frasquito, si cambiamos las rodelas de aluminio.

Los electrodos del tubo han de ser de nikel y han de tener en su extremidad superior tapones de vidrio, de ebonita o de cualquier otra clase de madera y aun metálicos que cierren muy herméticamente. Las puntas de los electrodos pueden terminar en rosca para aproximarles o separarlas de la superficie reflectora. El electrodo de nikel ha de estar libre del tubo de

-3-

vídrio y recubierto en su parte inferior de unas rodelas de aluminio que tengan un ligero contacto con el nikel para establecer el campo eléctrico de rayos luminosos ultra-violetas.

El primario de la bobina de inducción trabaja directamente con una corrienta alterna de 110 volts, 50 periodos e intensidades de 1 a 3 amperes.

Las bobinas de self-inducción de 6.000 volts, Condensador Epi ans

Los electrodos del tubo introducidos en tubos de vídrio, pueden ser rectos, inclinados o encorvados. La bomba de vacío, la preliminar, o de paletas de aceite de Gaede.

             N o t a.

En resúmen: Reivindico como de mi única y exclusiva invención y como objeto sobre el cual ha de recaer la patente que se solicita por 20 años en España, "Un procedimiento para destilar la emanación radium contenida en el mercurio", cuyas particularidades características ya descritas en esta Memoria, que tambien reivindico son las siguientes:

1º La emanación contenida en el mercurio, es destilada al mismo tiempo, se producen en la masa del mencionado cuerpo, los rayos de radium ultra-violetas.

2º El mercurio destila emanación cuando existe una penetración refleja de los rayos luminosos ultra-violetas, sin pasar de la masa del mercurio para que este cuerpo pueda dar origen a los rayos de radium ultra-violetas.

3º Un aparato para producir la destilación, tal y como se explica en la Memoria y se representa en los dibujos adjuntos.

4º Oro y emanaciones radium por descomposición del mercurio.

                    Madrid, 28 Novbre 1921.
                    P.A. del inventor.

Germán Botella. El hombre que quiso convertir en oro el mercurio del Almadén

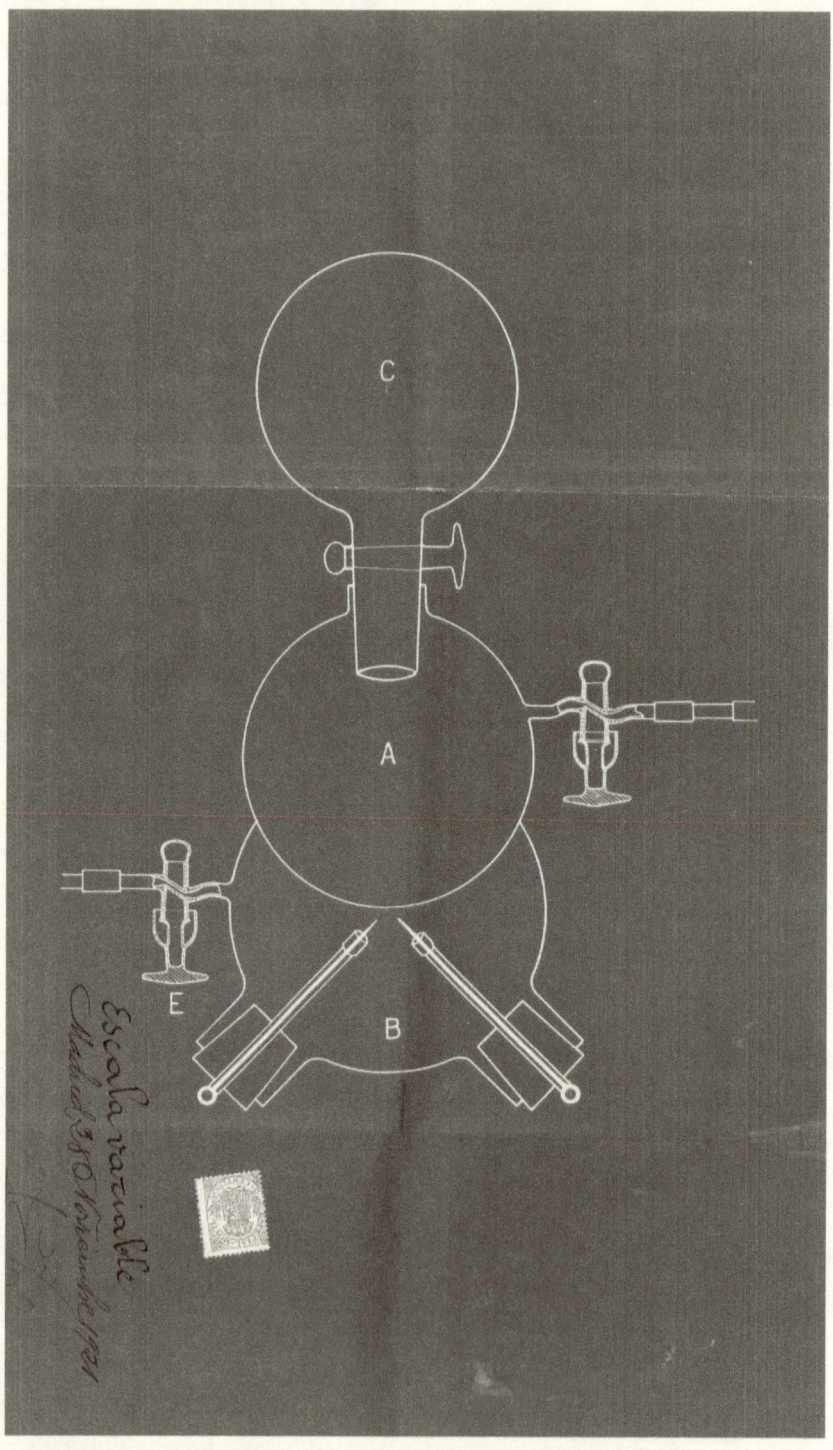

Patente de Invención 86412
09/08/1923
Un nuevo tubo de rayos ultravioleta que descompone
el mercurio en oro

MEMORIA DESCRIPTIVA QUE SE ACOMPAÑA A LA SOLICITUD
DE UNA PATENTE DE INVENCIÓN POR VEINTE AÑOS EN ESPAÑA, A FAVOR
DE DON GERMÁN BOTELLA PEREZ, RESIDENTE EN ALICANTE.

para
" UN NUEVO TUBO DE RAYOS ULTRA-VIOLETA QUE
DESCOMPONE EL MERCURIO EN ORO "

===========================

La solicitud de privilegio de invención que corresponde a esta Memoria, refiérese, como su enunciado indica, a "un nuevo tubo de rayos ultra-violeta que descompone el mercurio en oro".

Consiste mi invención en el hecho siguiente : Yo he podido observar, que el mercurio emite una gran cantidad de rayos catódicos, cuando aparece en una <u>fluorescencia amarilla</u>. Para que los electrones que contiene el azogue, puedan ser arrancados y puestos en libertad, precisa que el mercurio aparezca en esta <u>fluorescencia amarilla</u>.

En el tubo, que doy a conocer en el dibujo, se produce en los electrodos de abajo, una hermosa eléctrica luminiscencia de rayos ultra-violeta, que pasando al través del cristal, dá lugar a que el mercurio emita radiaciones luminosas, de distinta longitud de onda, y lo que es lo mismo, de distinto color a la

empleada para iluminar dicho cuerpo. Esta fluorescencia del azogue, es un bello color amarillo, que se aprecia muy bien en la semi-obscuridad.

Los rayos Roentgen ó rayos ultra-violados, ponen en libertad electrones, a los que arranca de la masa metálica del cátodo. En el depósito de arriba del tubo B, coloco dos electrodos de aluminio, iguales que los que aparecen abajo de dicho tubo. El mercurio queda iluminado en la obscuridad por los rayos ultra-violeta de arriba. Esta luz ultra-violeta de arriba, no ha de ser muy intensa. Los electrones del mercurio, que desde el primer instante quedaron aislados por la luz de abajo, son arrancados y puestos en libertad por los rayos ultra-violeta de arriba. Es un fenómeno de interferencia el producido con la luz ultra-violeta manufacturada en el tubo B. Una polarización ó descarga expontánea de los átomos, que en una cantidad exacta, existen ya disociados en el mercurio con carga negativa.

La posición del tubo ha de ser siempre vertical. Es de unas dimensiones variables. Tiene la figura ovalada, pero puede adoptar cualquier otra forma. Ordinariamente el tamaño es el de una bombilla eléctrica incandescente. Es de cristal ordinario. Los electrodos son de aluminio y sus puntas son de diex milímetros.

El tubo es excitado con una bobina de inducción que funciona el primario, directamente con la corriente alterna 110/220 voltios, 50 períodos, é intensidades no mayores de 1 á 2 amperes. El tubo ha de estar siempre frío. El vacío es practicado con la bomba preliminar de paletas de aceite de Gaede.

N O T A

En resumen : Reivindico como de mi única y exclusiva inven-

3)

ción y como objeto sobre el cual ha de recaer la patente que se solicita por veinte años en España'. "UN NUEVO TUBO DE RAYOS ULTRA-VIOLETA, QUE DESCOMPONE EL MERCURIO EN ORO," cuyas propiedades características ya descritas en esta Memoria, que tambien reivindico, son las siguientes :

Primero : Unos electrodos de aluminio para <u>concentrar</u> la luminiscencia ultra-violeta, como se describe en el dibujo del tubo'.

Segundo : Una fluorescencia amarilla <u>constante</u>, emitida por el mercurio, por transmisión arriba de la luminiscencia ultra-violeta, a través del cristal.

Tercero : La emisión de la cantidad exacta de electrones que contiene el mercurio, provocada, cuando aparece dicho cuerpo en la fluorescencia amarilla, y

Cuarto : Oro por descomposición del mercurio, obtenido en el tubo del dibujo adjunto y tal como se explica en la Memoria.

Alicante, 8 de Agosto de 1.923'.

Germán Botella. El hombre que quiso convertir en oro el mercurio del Almadén

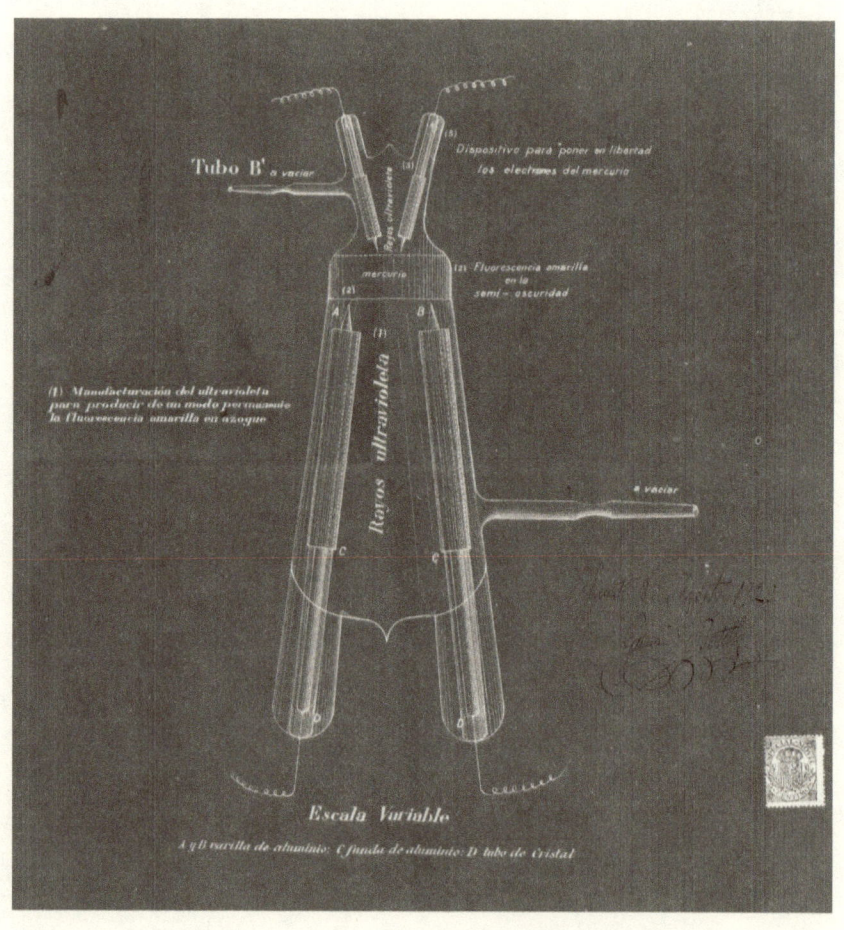

Patente de Invención 89454
10/05/1924
La producción de los tintes de coloración de la estructura de los electrones que contiene el mercurio y como resultado de este fenómeno físico-químico, obtener oro

Memoria descriptiva
que se acompaña a la solicitud de una patente de
invención por veinte años en España
a favor de
Don Germán Botella Pérez.
residente en Alicante.
por

"La Producción de los tintes de coloración de la estructura de los electrones que contiene el mercurio y como resultado de este fenómeno físico-químico, obtener oro", Grupo 4°, clase 40.
==

       La solicitud de privilegio de invención que corresponde a esta Memoria, refiérese, como su enunciado indica a la producción de los tintes de coloración de la estructura de los electrones que contiene el mercurio y como resultado de éste fenómeno físico-químico, obtener oro.

       Consiste la invención en los hechos siguientes por mí observados: el espacio de una vasija de cristal totalmente ocupada por el azogue, posee una <u>conductibilidad unilateral</u> con respecto a las oscilaciones eléctricas. Esta conductibilidad, es mucho mayor, cuando el mercurio aparece con la fluorescencia amarilla. Se convierte la oscilación eléctrica (corriente alternativa), en una corriente contínua; es decir, pasa la corriente en una sola dirección: esta rectificación no es producida por el cristal. La conductibilidad unilateral la posee el mercurio, y como resultado de esta conductibilidad, vemos unas <u>finas rayas fluorescentes de color amarillo, que no desaparecen nunca.</u>

       Dichas finas rayas fluorescentes, que yó he encontrado en el mercurio, demuestran siempre que la variación de la corriente al variar la f.e.m., no sigue la ley lineal: el mercu-

-2-

rio considerado como conductor, no obedece a la ley de Ohm, y por esta razón posee la <u>conductibilidad unilateral</u>.

La conductibilidad unilateral de los cristales llamados <u>rectificadores</u> y del gran número de minerales estudiados por Braun, el físico alemán, yo demuestro que reconocen por causa la <u>producción de los tintes de coloración de la estructura del electrón</u>.

De todos los metales, es el mercurio el cuerpo que mayor cantidad produce los tintes de coloración de la estructura del electrón. Es tan considerable la cantidad de este tinte, que queda el mercurio convertido en metal amarillo (oro).

El procedimiento que sigo para obtener oro, es el que a continuación expongo: establezco un nuevo sistema para la rectificación de las ondas eléctricas estacionarias que pasan por el mercurio, considerado como conductor.

En el adjunto dibujo, doy a conocer las ondas producidas son estacionarias y se percibe la existencia de modo de tensión en E, punto medio de B y C de dos vientres en los extremos A y D de los conductores. La variación de la tensión o potencial de la carga eléctrica, tiene un valor nulo en E y valores máximos en A y en D, pudiéndose representar los valores de esta oscilación por las ordenadas de las curvas de los puntos dibujados en la figura: esta es la dirección que siguen los fulgores que emite el mercurio.

A' es el carrete de inducción, cuyo primario se conecta a un generador de electricidad -batería de pilas, de acumuladores, dinamo o canalización eléctrica del alumbrado- rebajando convenientemente su intensidad-, y el secundario comunica con el oscilador. Este aparato oscilador es objeto también de la invención. Es una modificación del tubo de rayos ultra-violeta que patenté con el número 86.412.

Puede considerarse el aparato como una botella de Leyden

-3-

ordinaria,delante de la cual se halla colocado un **vástago** metálico que se halla sostenido por una columna aisladora de vidrio que se apoya en un pié de madera. La varilla metálica puede resbalar,separándose o acercándose,a voluntad. Cada vez que la electricidad es suficiente,saltarán chispas entre el tallo y la botella,lo cual facilita el medio tambien de medir la cantidad de electricidad.

El aparato oscilador,tiene en comunicación los electrodos de abajo a̱' ḇ,con otra bobina de inducción A̱ y estos mismos electrodos están tambien en comunicación con tierra Ṯ Ṯ' por medio de un cordón metálico. Las chispas que saltan entre las esferas C̱ y Ḇ son nutridas y largas. El aparato descansa en un soporte especial construido para tal objeto.

Una de las bocas a̱' del oscilador,se tapa con un tapón de corcho o de caucho,atravesado por la varilla de metal que atraviesa a la vez el mercurio para hacer el contacto y termina en la parte exterior con la esfera C̱. Esta boca está colocada horizontalmente o en la parte superior del aparato con alguna inclinación. La abertura ḇ' está tapada con un simple borne de cobre que toca el mercurio,o también con un tapón aislante atravesado por una varilla metálica que termina por la parte exterior en borne para conectar con la bobina.

Los electrodos están sellados en el cristal con hilo de platino: el cristal que empleo es el mismo que se utiliza para la fabricación de los termómetros (exento de plomo),y el tamaño del aparato es un poco mayor al de una bombilla eléctrica ordinaria.

El depósito C̱ está totalmente lleno de mercurio. En el espacio que ocupa el azogue en este depósito de cristal,existe un vacío como el de Hittorf. Es el vacío barométrico o de Torrecilli. La luminiscencia ultra-violeta de bajo,produce en el mercurio una emisión de rayos catódicos. Este fenóme-

— 4 —

no es idéntico al producido por Lenard al demostrar que en el vacío los rayos ultra-violetas dén origen a los rayos catódicos.

Las finas rayas fluorescentes que dá el mercurio, son iguales a las que emite una válvula endurecida de Villard, de las usadas en rayos X.

Son los mismos fulgores que presente esta válvula, pero el mercurio emite una cantidad considerable de fulgores. Su masa es electrónica. Estos electrones no son puestos en libertad y, sin embargo quedan arrancados o separados de su núcleo atómico.

El átomo de mercurio no es disgregado ni desintegrado. Con el consumo de una insignificante energía eléctrica, se revelan los tintes de coloración de la masa electrónica, no siendo necesario producir esta masa, porque ya aparece en el azogue, dotado de existencia própia e individual.

Los tintes de coloración de los electrones se revelan por la <u>compresión</u> que sufren aquellos en el espacio que ocupa totalmente el mercurio en el depósito de cristal. Es un fenómeno de <u>polarización</u>, como cuando hacemos la compresión de algunos cuerpos y se presenta la cruz obscura, o los anillos concéntricos de Newton, que indican una disposición radial de los ejes de elasticidad. No hay, por lo tanto, que gastar una energía igual a la carga eléctrica del electrón. La total masa del electrón, será debida únicamente a su carga eléctrica, pero para transmutar el mercurio en oro, no precisa esa colosal energía de que está dotado el electrón. Es una <u>fulguración</u> la que produzco en el mercurio.

El aparato oscilador es un tubo de rayos y funciona de una manera constante: cuando de vez en cuando se interrumpe, solamente el circuito de la luminiscencia ultra-violeta, aparecen con mas facilidad en el mercurio las finas rayas fluorescentes.

<u>N o t a.</u>

En resúmen: reivindico como de mi única y exclusiva

invención y como objeto sobre el cual ha de recaer la patente que se solicita por veinte años en España,"La producción de los tintes de coloración de la estructura de los electrones que contiene el mercurio y como resultado de este fenómeno físico-químico,obtener oro",Grupo 4°,clase 40,cuyas propiedades características ya descritas en esta Memoria,que tambien reivindico,son las siguientes:

1ª En una vasija de cristal ocupada totalmente por el mercurio,se emiten sobre las paredes del cristal unos <u>fulgores</u> que son de distinta naturaleza a los átomos de azogue.

2ª Esta fulguración se produce con ondas eléctricas estacionarias <u>rectificadas</u> intensamente por la fluorescencia amarilla que presenta el mercurio.

3ª La <u>conductibilidad unilateral</u> que posee el mercurio, dá origen a unas finas rayas fluorescentes de color amarillo que no desaparecen nunca.

4ª El mercurio con las finas rayas fluorescentes de color amarillo,es oro.

5ª Un aparato oscilador para producir en el mercurio,finas rayas fluorescentes de color amarillo.

Todo según queda expuesto en la precedente Memoria,y a título de ejemplo se representa en el dibujo adjunto.

Madrid,28 Mayo de 1924.

Por autorización del interesado.

Patente de Invención 98133
19/06/1926
Un procedimiento de experimentos físicos orientados a determinar por la vía química, que se obtiene el oro que se encuentra formando la molécula metálica de mercurio

PATENTE DE INVENCION

por veinte años en España

a favor de

Don Germán BOTELLA Pérez.

residente en Alicante

por:

"Un procedimiento de experimentos físicos orientados a determinar por la vía química,que se obtiene el oro que se encuentra formando la molécula metálica de mercurio",Grupo 2º Clase 16.

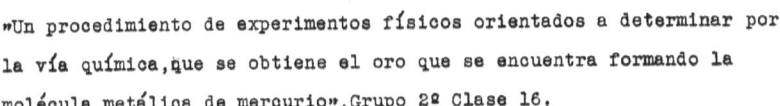

=="==''=="==

MEMORIA DESCRIPTIVA.

El mercurio,es un elemento radiactivo. La radiactividad en el azogue no se puede descubrir por los procedimientos ordinarios que hoy conocemos.Para descubrir la radiactividad en el mercurio metálico,precisa utilizar un procedimiento especial de mí invención que mas adelante expondré.

Es difícil observar la espontánea transformación de los átomos de mercurio,pero no es difícil determinar la cantidad de átomos en disgregación que se encuentran en el mercurio metálico. A simple vista,parece imposible que el mercurio sea un elemento radiactivo,y parece imposible, por que la radiactividad es un fenómeno fácil de evidenciar. Desde el primer momento pude vislumbrar,que en el mercurio preexisten una cantidad de átomos en desintegración que siempre ha resultado imposible de separar. Yo,he llegado a convencerme de que esto,después de múltiples y reiteradas tentativas practicadas con este fin; pero yo adquirí la convicción que se podía llegar en el mercurio a la serie inactiva correspondiente al átomo de oro.

Me cabe la satisfacción de haber sido el primero que ha dado una aplicación exacta a la Ley de Bohr,en lo relativo al aspecto de absorción y emisión que nos dá el átomo de mercurio.Estudiando la energía ultra violeta que absorben los electrones del mercurio,yo pude ver que se alteraba profundamente la constitución de este átomo, y que esta modificación del átomo de mercurio se producía con más facilidad en la diferencia de nivel energético que yo había establecido. De un modo sublime,la teoría de las rayas finas de Sommerfeld tienen una confirmación experimental como no podía suponerse.

En la transformación radioactiva del mercurio en oro, hay el desprendimiento de una grande energía que ese mismo átomo de azogue tiene almacenada. El error de los físicos ha sido el creer que precisaba provocar la transformación del mercurio empleando una energía idéntica a la que desprenden los átomos del radium en sus transformaciones expontáneas.La experiencia nos ha demostrado que para alternar la constitución del átomo de mercurio,no se necesita utilizar una gran energía. Físicos y químicos han olvidado los precedentes que ha habido para el descubrimiento de las substancias radiactivas y hasta han llegado a olvidar el procedimiento de que se han servido para aislar y separar estas substancias radiactivas de los minerales de urano. No es de extrañar que al tener hoy un conocimiento más exacto de lo que es el radium,se pretenda descubrir nuevos procedimientos para convertir unos elementos en otros de distintas naturalezas.Por lo que respecta al mercurio no es este el camino a seguir.

(2)

El azogue aparece en condiciones parecidas a la pechblenda, y yo tengo una concentración de la radiactividad y como consecuencia de esta concentración, el mercurio queda transformado en oro. El procedimiento empleado, puede tener cierta semejanza con el método de los análisis fraccionados, pero yo he de advertir, que la mayor concentración de la radiactividad se consigue en el "OXIDO MERCURIOSO IONIZADO".

Durante un buen número de años, he estado inutilmente trabajando con el "Mercurio metálico", y hasta hace muy poco tiempo, no me he dado cuenta, que en la transformación radiactiva del mercurio en oro, hay una concentración de radiactividad por una total solubilidad del "OXIDO MERCURIOSO IONIZADO" en una disolución concentrada de potasa caústica. Hasta cierto punto, es instructivo conocer, como pude llegar a tal conclusión, abandonando por completo la idea de trabajar con el mercurio metálico.

En los aparatos que con los números 86,412 y 89,454, registré en las oficinas de Patentes de invención de España, yo perseguía la idea de producir una descohesión de las partículas constitutivas del átomo de mercurio. Después de los repetidos ensayos que he realizado en estos aparatos trabajando con el mercurio, he logrado descubrir,"QUE CUANDO EL OXIDO MERCURIOSO IONIZADO ES TOTALMENTE SOLUBLE EN LA DISOLUCIÓN CONCENTRADA DE POTASA CAUSTICA, HASTA QUE EL LIQUIDO NOS DE UNA REACCIÓN FUERTEMENTE ALCALINA, SE OBTIENE UNA SAL DE ORO", en condiciones precisas que fijaré.

Primeramente se forma el hidróxido de oro que debe considerarse como una combinación de caracter esencialmente ácido, y esto se comprende que así sea.

El oxido mercurioso bajo la acción del ultra-violeta se descompone y si en esta descomposición interviene la potasa caústica en exceso, determina el caracter ácido del hidróxido de oro. En este primer compuesto de oro hay una concentración de radiactividad, imposible de determinar por los métodos ordinarios empleados para investigar la radiactividad en otras substancias.

En el mercurio se encuentra una substancia radiactiva muy importante que solamente se manifiesta en toda su actividad, al alcanzar una solubilidad perfecta el oxido mercurioso cuando queda ionizado No me canso de señalar, que ha sido un gran error el de los físicos y químicos al establecer como métodos científicos, irrebatibles, para investigar la radiactividad, aquellos que determinaron el descubrimiento del radium. No pensaron, "que el átomo de algunos elementos podía sufrir una descohesión, y entonces manifestarse la radiactividad". Se ha creido que la radiactividad es un fenómeno natural, y jamás podía provocarse. Lo único que se ha conseguido, es "concentrar" esta radiactividad; lo hecho tan solamente por los Curié.

Simplemente, haciendo que el oxido mercurioso ionizado adquiera una perfecta solubilidad en el líquido alcalino, se obtiene, de un modo intenso, una manifestación de radiactividad, y como consecuencia, aparece el átomo de oro. Es una reacción inmediata; ya que las propiedades químicas del hidróxido de potasa son lo suficiente para formar, no el hidróxido de oro, sino el auruato de potasa. Lógicamente hay que suponer, que el hidróxido de oro es el que primeramente se presenta, y por eso obtenemos este compuesto de oro en muy poco tiempo.

Mi descubrimiento consiste en haber demostrado una descohesión de las partículas constitutivas del átomo de mercurio. No es una desintegración, o disgregación del átomo de azogue, en la que precisara utilizar una energía ,idéntica a la que desprenden los átomos de radium. Es sencillamente una descohesión, para evidenciar esa enorme energía que tiene almacenada el átomo de mercurio en su constitución de elemento

radiactivo. La pechblenda es un uranato de uranilo, y precisamente en su descomposición o descohesión, es cuando se manifiesta con mayor intensidad la radiactividad.

Se puede fijar muy bien el origen de la radiactividad en el átomo de mercurio, es decir, como ha llegado a formarse el átomo de azogue, pero es esta cuestión que no conviene tratar aquí. Me limitaré a descubrir el procedimiento industrial de fabricación del oro, por transformación del mercurio.

El tubo de rayos ultra-violetas y el aparato oscilador, patentados con los números 96,412 y 89,454, han sido objeto de unas pequeñas modificaciones, y en el funcionamiento que tienen estos aparatos con las modificaciones introducidas, estriban las características esenciales para obtener industrialmente oro por tranformación del mercurio. El modo de operar es sencillísimo, pues no tienen mas indicación los mencionados aparatos; que producir la DESHIDRATACION en el oxido mercurioso o desprender vapores metálicos de azogue en los puntos que han sido iluminados por el ultra-violeta. Cuando estos vapores han sido desprendidos sobre las paredes de cristal del espacio que ocupa el mercurio metálico en el recipiente de cristal, se puede hacer la hidratación de estos vapores, bien aplicando por alrededor del recipiente el frio artificial, (hielo machacado), o bien recogiendo estos vapores de azogue con una disolución alcalina. La deshidratación se practica en el aparato oscilador, o en el tubo de rayos ultra-violetas, tal y como han sido alterados para este nuevo funcionamiento. Los vapores de mercurio recogidos con la disolución alcalina, se distribuyen por toda la masa del mercurio sin descomponer, y en esta hidrataciones y deshidrataciones sucesivas, aparece el oro en la proporción en que se encuentra en el mercurio. Se puede beneficiar el oro en esta proporción cuando operamos con el oxido mercurioso ionizado porque las hidrataciones y deshidrataciones sucesivas en el oxido mercuriosoionizado traen consigo, como ya he dicho, la formación inmediata de un hidróxido de oro y por consiguiente la de los auratos.

El método que acabo de descubrir para obtener industrialmente el oro, por transformación radiactiva del mercurio, yo lo he bautizado con el nombre de: "METODO DE LAS SUCESIVAS HIDRO-DESHIDRATACIONES EN EL OXIDO MERCURIOSO IONIZADO PARA LA TRANSFORMACIÓN RADIACTIVA DE ESTE OXIDO, EN HIDROXIDO DE ORO Y AURATOS". Es muy interesante indicar los periodos del método, y las modificaciones introducidas en los aparatos patentados, para producir el fenómeno de deshidratación. Este fenómenos se produce con el minimun calor, y para esto, la bomba de vacio funciona constantemente, para obtener una gran riqueza del ultra-violeta con la iluminación de todo el electrodo. Basta con unos escasos miliamperios, trabajando el primero de la bobina de inducción, directamente con la corriente alterna a 110/260 voltios, 50 periodos, é intensidad de un ampere. El tubo de rayos ultra-violeta, funciona lo mismo que el aparato oscilador, es decir, el dispositivo de arriba del tubo de rayos ultra-violeta, ha sido sustituido por un arco eléctrico, que también funciona con escasos miliamperios, pues el primario de la bobina de inducción que alimenta este arco, trabaja con idéntica corriente eléctrica a la destinada para la lúminescencia ultra-violeta, pero con una intensidad de tres amperes.

La deshidratación de los vapores metálicos de mercurio, recogidos en los puntos que han sido iluminados por el ultra-violeta,o la deshidratación del oxido mercurioso practicada una y otra deshidratación en los aparatos que he descrito, es un fenómeno que no dura más de diez a quince minutos. En esta primera deshidratación, hay una separación del líquido hidrolizante, y una revelación latente de oro.

La hidratación se puede practicar, sacando la substancia del aparato, una vez sufrida la deshidratación, y como el fenómeno de hidratación es instántaneo, de la ligereza con que se realicen estas

(4)

manipulaciones, depende de obtener grandes cantidades de oro en muy poco tiempo. El oxido mercurioso ionizado se transforma en oro, cuando las operaciones de hidratación y deshidratación se repiten por un número limitado de veces, en las mismas cantidades del oxido y la potasa empleada desde el principio. Puedo decir, que después de la primera deshidratación practicada en el oxido mercurioso ionizado, este reacciona con la potasa caustica en disolución, separándose el oro al estado de hidroxido. Esta reacción, tiene alguna analogia, con lo que ocurre con las sales neutras de los metales que reaccionan con el hidroxido potásico, formandose la sal potásica correspondiente, y separándose el metal al estado de hidroxido.

El mercurio solo responde a las ondas de una longitud y frecuencia determinada, permaneciendo inactivo para todas las demás y en la diferencia de nivel energético que yo he establecido en mi aparato oscilador, demuestro como se originan las rayas en la serie espectral del átomo de oro, por transformación radiactiva del azogue. Ha sido relacionar estas rayas características con las respectivas frecuencias o, sus recíprocas, las longitudes de ondas.

Para alcanzar una gran luminescencia ultra-violeta en el aparato oscilador, se necesita un largo funcionamiento del aparato bajo la acción constante de la bomba de vacio. En estas condiciones, la luminescencia no se produce por las puntas de los electrodos como al principio de la operación, sinó, que el aparato se ilumina instantaneamente por la mitad de los electrodos, y tan pronto como actua la bomba de vacio, una vez dada la corriente eléctrica en el aparato. Cuando ocurre este fenómeno, yo he podido descubrir, que la chispa eléctrica del detonador ejerce una acción atractiva sobre la luminescencia y los electrodos quedan totalmente iluminados.

La pequeña modificación introducida en el aparato oscilador consiste, en que el arco eléctrico tiene una dirección vertical, distinta a la que aparece en el dibujo. Todo el aparato puede ser de cuarzo, o de cualquier otro cristal.

Yo he llegado al descubrimiento del Proceso de transformación radiactiva del mercurio en oro, en juicios por inducción y juicios por silogismo, tan preconizados por algunos filósofos. Al pie de esta Memoria, doy a conocer la Nota que se requiere en toda solicitud para obtener una Patente de invención. En esta Nota, se podrán apreciar los hechos, tal como se han presentado en el curso de la investigación, y se podrán apreciar sin necesidad de recurrir al Laboratorio, pues el hecho en si, queda demostrado de un modo incontrovertible.

N O T A

En resumen: reivindico como de mi única y exclusiva invención y como objeto sobre el cual ha de caer la Patente, el "METODO DE LAS SUCESIVAS HIDRO-DESHIDRATACIONES EN EL OXIDO MERCURIOSO IONIZADO PARA LA TRANSFORMACION RADIACTIVA DE ESTE OXIDO EN HIDROXIDO DE ORO Y AURATOS".

Esta Memoria queda archivada en sobre cerrado y lacrado, dando fé de esta diligencia el Notario a los efectos de prioridad en solicitud de la indicada Patente, por veinte años en España, comprendida en el grupo 4ª, clase 40 del Nomenclator, con arreglo a la vigente Ley de la Propiedad industrial.

También reivindico las conclusiones siguientes, como consecuencia a la descripción de la presente Memoria.

(5)

1ª.- La aplicación del frio artificial, en los vapores metálicos de mercurio, depositados en los puntos que han sido iluminados por el ultra-violeta.

2ª.- Un tren de ondas fluorescentes, formadas por partículas de oro y obtenidas estas partículas en los puntos iluminados por el ultra-violeta y por desprendimiento de vapores metálicos de azogue.

3ª.- Los vapores de azogue, se depositan preferentemente en el espacio que ocupa el mercurio en un recipiente de cristal, cuando este espacio está intensamente iluminado por el ultra-violeta.

4ª.- El átomo de mercurio, en su pura disgregación, es un gas o vapor, evidenciado por el aspectro característico del átomo de oro.

5ª.- Cuando son hidratados los vapores metálicos de mercurio recogidos en los puntos iluminados por el ultra-violeta, en el momento de la deshidratación, actúan como un excitante óptico o, sensibilizador.

6ª.- Se obtiene oro metálico, como consecuencia de las sucesivas hidro-deshidrataciones en los vapores metálicos de mercurio, recogidos en los puntos iluminados por el ultra-violeta.

7ª.- Las radiaciones que son absorbidas por el mercurio metálico o, el óxido mercurioso en una diferencia de nivel energético, producen la transformación radiactiva del átomo de azogue.

8ª.- Un esquema del circuito eléctrico, para la transformación radiactiva del mercurio en oro.

9ª.- Un fenómeno químico de Eflorescencia, producido por la aplicación del frio artificial, cuando este actua sobre los vapores metálicos de mercurio, recogidos en los puntos iluminados por el ultra-violeta.

10ª.- La acción fotoeléctrica, para desprender vapores de azogue en el espacio que ocupa este mismo azogue en el recipiente de cristal.

11ª.- Se activa la transformación radiactiva del mercurio en oro, cuando la riqueza de luz ultra-violeta en el detonador, está determinada por la naturaleza de los electrodos de este arco eléctrico.

12ª.- Una niebla fluorescente de oro, producida en los vapores de mercurio recogidos en los puntos iluminados por el ultra-violeta, y por aplicación del frio artificial.

13ª.- El mercurio metálico, y el oxido mercurioso poseen afinidades especiales para la absorción del ultra-violeta.

14ª.- La conmutación de las oscilaciones eléctricas, determinadas por los vapores de mercurio, recogidos en los puntos iluminados por el ultra-violeta.

15ª.- Mientras dura el frio artificial, se prosigue indefinidamente las eflorescencias de oro, obtenidas por los vapores de azogue depositados en los puntos iluminados por el ultra-violeta.

16ª.- La niebla fluorescente de oro, sufre un cambio brusco y discontinuo, a consecuencia de las conmutaciones de las oscilaciones eléctricas.

17ª.- La potencia de las radiaciones, en la transformación radiactiva del mercurio en oro.

18ª.- La formación de un anillo de oro, en el menisco del aparato

oscilador, y como consecuencia al desprendimiento de los vapores metálicos de azogue, recogidos en este punto más iluminado por el ultra-violeta.

19ª.- Las eflorescencias de oro quedan interrumpidas, cuando desaparece el fenómeno de la hidratación.

20ª.- Una canalización de la luz ultra-violeta a través del mercurio metálico y del óxido mercurioso, como consecuencia a la acción
atractiva que ejerce la chispa eléctrica del detonador.

21ª.- El disparo de electrones, fuera de la órbita que gravitan en
el átomo de mercurio.

22ª.- El descubrimiento en el aspectro de la chispa eléctrica del
detonador, del átomo de oro, obtenido por transformación radiactiva del
mercurio.

23ª.- Los vapores de mercurio, depositados en los puntos iluminados por el ultra-violeta, y disueltos en un líquido alcalino, se presentan al estado de oro coloidal.

24ª.- El óxido de oro recogido en los puntos iluminados por el
ultra-violeta, y por desprendimiento de vapores de mercurio, posee
propiedades explosivas.

25ª.- La corriente eléctrica queda interrumpida, cuando el oro obtenido por transformación radiactiva del mercurio, posee propiedades
explosivas.

26ª.- El secundario de la bobina de inducción queda desmagnetizado
con las propiedades explosivas del oro, obtenido por transformación radiactiva del mercurio.

27ª.- Las perturbaciones magnéticas del oro fulminante obtenido
por transformación radiactiva del mercurio, alcanzan hasta las instalaciones fuera del Laboratorio.

28ª.- El aspectro Roentgen, en la transformación radiactiva del
mercurio en oro.

29ª.- El oro, por transformación radiactiva del mercurio, desempeña en las disoluciones alcalinas, el papel de un metal común.

30ª.- Los vapores de mercurio depositados en los puntos iluminados por el ultra-violeta, sufren por las sucesivas hidractaciones y
deshidractaciónes, variaciones en la región metaestable.

31ª.- La serie espectral Roentgen, que procede de la transformación radiactiva del mercurio en oro.

32ª.- La ionización en el mercurio metálico, prosigue aún después
de cesar la causa ionizante.

33ª.- Panes de oro, adheridos a las paredes del cristal, y obtenidos por transformación radiactiva del mercurio.

34ª.- De todos los compuestos mercuriosos, y mercúricos, el
óxido mercurioso es el que reúne mejor aptitud de reacción para "concentrar" la radiactividad que provocadamente emite el elemento de azogue.

35ª.- La absorción de la sosa caustica en disolución concentrada
y en el momento de la fuerte ionización del mercurio metálico.

La absorción de la sosa caustica en la fuerte iohización
del mercurio metálico, es un fenómeno que yo he descubierto tras repe-

(7)

tidos ensayos. Este fenómeno se produce en un cristalizador, tan pronto como se ha practicado la ionización del mercurio en el aparato oscilador. Al sacar el mercurio del aparato, y mezclarlo con el álcalis en el cristalizador, observamos que mientras dura la delicuescencia de la sosa, aparece un precipitado de hidróxido de oro, fácilmente reconocible por la coloración azul, que presenta el oro coloidal por transparencia al principio de la precipitación. Este hidróxido de oro sometido a una nueva ionización, o diluido con la potasa caústica en solución concentrada aparece con toda su pureza, formando a la vez el aurato potásico. La operación se ha de realizar con una cantidad fija del líquido reductor, (un c. c.).

Siguiendo estas orientaciones, me fué facil comprender el fenómeno descrito, por la teoría del revelado en las placas fotograficas, y de acuerdo con la acción que ejercen los gérmenes sobre las disoluciones sobresaturadas, yo pretendí convertir todo el mercurio metálico en un hidróxido de oro. El camino a seguir no era este, puesto que se necesitaba una gran ionización del mercurio metálico, para poder emplear una mayor cantidad del líquido reductor. Todos mis intentos fracasaron en este sentido, y de haber podido ser, seguramente se nos hubiera presentado la fase sólida del oro, de un modo instantáneo.

Al llegar a la conclusión que el oro por transformación radiactiva del mercurio, desempeña el papel de un metal común en las disoluciones alcalinas, yo pretendí también establecer una constante irrigación del álcalis por todo interior de la masa de mercurio, y mientras se practicaba la ionización. Este intento tenía que fracasar, pues el problema de la transformación radiactiva del mercurio estaba muy mal planteado.

De todo el trabajo realizado, en este aspecto de la investigación, yo saqué una consecuencia muy fundamental:

36ª.- Para que el mercurio pueda descomponerse, precisa que el oro que lo constituye, forme su hidróxido.

Esta consecuencia me sirvió para proseguir la labor de investigación, dando a conocer otras conclusiones.

37ª.- Cuando son varios los iones de hidróxilos que intervienen en la transformación radiactiva del átomo de mercurio, el pro-ducto del hidróxido de oro correspondiente, se sobrepasa con creces.

38ª.- El mercurio metálico, y el óxido mercurioso actúan en su transformación radiactiva en oro, como un radio-conductor, o cohesor.

39ª.- En el procedimiento de las sucesivas hidro-deshidrataciones, el mercurio metálico ionizado y el oxido mercurioso ionizado emiten radiaciones Roentgén.

40ª.- Cuando el átomo de mercurio emite radiacciones Roentgen se encuentra oro y otros productos de desintegración.

Espóntaneamente, el azogue no emite las radiacciones Roentgen, como las emite el propio metal de urano; pero en el mercurio se encuentran substancias, que poseen un grado exagerado las propiedades de los rayos Roentgen, y por el aislamiento y separación de estos rayos aparece como residuo el oro. En una disolución de potasa caústica, se "concentra" la radiactividad, que provocadamente emite el mercurio.

De lo expuesto se deduce, la consecuencia siguiente:

41ª.- Disminuye de paso atómico el mercurio hasta quedar convertido en oro, cuando se "concentra" la radiactividad que provocadamente emite aquel cuerpo.

(8)

Y podemos a la vez decir:

42ª.- La transformación del óxido mercurioso en hidróxido de oro, responde a un fenómeno de "concentración" de la radiactividad.

43ª.- El mayor grado de división que puede quedar reducido el óxido mercurioso, es cuando éste se transforma en hidróxido de oro.

44ª.- El átomo de oro alcanza su mayor grado de división, cuando se combina con el ion hidróxilo.

45ª.- En la transformación radiactiva del átomo de mercurio, la sosa caústica se comporta como en las materias colorantes.

46ª.- El óxido mercurioso en su transformación radiactiva, reacciona con la potasa caústica, separándose el oro al estado de hidróxido.

47ª.- La transformación radiactiva del óxido mercurioso, se mide por el mayor o menor grado de solubilidad que tiene éste óxido en la disolución de potasa caústica.

El problema de la transformación del mercurio en oro, tal y como lo ha planteado últimamente, ha tenido una feliz solución al descubrir, que la "concentración" de la radiactividad, depende del mayor o menor grado de división alcanzado por las partículas del óxido mercurioso. Mi mayor satisfacción es haber determinado el procedimiento, para lograr esta gran división de las partículas del óxido, complementando la solución del problema por la vía química, siguiendo un método distinto a los Curié, aislando el radium del mineral de la pechblenda. El átomo de mercurio se desdobla en sus componentes, para esto me he valido de un medio de separación hasta ahora no conocido.

Cuando el átomo de mercurio se desdobla en sus componentes hay fracciones en que se acumula la radiactividad, y otras fracciones en que desaparecen, retrogradan. Al final de esta Memoria, doy una idea sobre el origen de la radiactividad acumulada por el desdoblamiento de las partículas que constituyen el átomo de mercurio. Esta radiactividad aumenta en el proceso del desdoblamiento, y alcanza el máximum de intensidad la radiactividad, cuando aparece el hidróxido de oro.

Indiscutiblemente, el átomo de mercurio adquiere una gran división, cuando se combina con el oxigeno, y llega a perder su naturaleza química, cuando se combina con el ion hidróxilo. (JH).

Los químicos ya pudieron observar, que las diferentes clases de óxido de mercurio, poseen una solubilidad y aptitud de reacción algo distinta, según su grado de división; y han sido varias las opiniones que se han dado para interpretar este fenómeno. Sin embargo, no se ha podido llegar a una gran división de las partículas del óxido de mercurio, y el problema ha permanecido en la oscuridad. La deshidratación del óxido mercurioso producida por la acción del ultra-violeta, y en una diferencia de nivel energético, repetida esta deshidratación e hidratación un número de veces, ha dado como resultado una mayor división de las partículas del óxido, y como consecuencia su transformación en hidróxido de oro. Esta transformación se ha obtenido, con una gran riqueza del ultra-violeta, y una producción mínima de calor.

Hay una acción simultánea de sus dos componentes, hidrogeno y oxigeno, cuando interviene el agua en la transformación radiactiva del átomo del mercurio, y en la reducción del óxido mercurioso en oro, se produce el mismo vacío que en un tubo Crookes. Este vacío es determinado por las mismas partículas adheridas al cristal del tubo, y dura en todo el proceso de la transformación del óxido.

La reducción del óxido mercurioso bajo la acción del ultra-

(9)

violeta y en presencia de una disolución concentrada de potasa caústica
trae consigo la formación de un hidróxido de oro insoluble. Se consigue una mayor solubilidad del hidróxido, despues de varias hidrataciones
y deshidrataciones, y cuando la solubilidad del óxido mercurioso corresponde al equilibrio entre el compuesto sólido y su disolución, tendremos
el punto de fusión del oro, que corresponde al equilibrio entre sus formas sólidas y líquidas. De este estudio se deduce, que la transformación
radiactiva del átomo de mercurio corresponde al equilibrio de solubilidad del óxido mercurioso ionizado con su disolvente de potasa caústica,
y obtenida esta solubilidad por las sucesivas hidrataciones y deshidrataciones.

La conclusión siguiente aclarará, toda la solución de problema.

48ª.- El átomo de mercurio pierde su volatilidad, y adquiere el
punto de fusión del oro cuando corresponde el equilibrio de solubilidad
del óxido mercurioso ionizado con su disolvente de potasa caústica.

Durante el proceso de la transformación radiactiva del mercurio en oro, hay un desprendimiento de vapores de azufre, que combinados con el hidróxido de sosa o potasa, forman sulfuros alcalinos. Estos
sulfuros de potasio o sodio, tienen una gran propiedad para combinarse
con el oro, y formar los thioauratos correspondientes.

El azufre que se desprende en esta transformación radiactiva
del mercurio, es un elemento isótopo, pero no por esto, deja de formar
sus combinaciones con otros cuerpos.

El hodróxido de oro, obtenido por transformación radiactiva
del mercurio, no se disuelve en los ácidos diluidos, pero sí en el ácido nítrico concentrado, formando un ácido nitri-aurico, análogo al cloro-aurico.

Podemos decir que independientemente de los sulfuros alcalinos que se producen en el proceso de la transformación radiactiva del
mercurio, y por el desprendimiento de vapores de azufre, se forma un
hidróxido de oro. Hay una insignificante cantidad de thioauratos, pero
esta pequeñísima cantidad a medida se forma, activa el proceso de la
transformación del mercurio. Es conocida la acción disolvente de los
thiosales, y es lógico suponer una mayor actividad en el thiosulfato, o
thioaurato potásico radiactivo.

Los químicos admiten la presencia del ión mercúrico y ión
hidróxilo en una disolución acuosa de óxido de mercurio, pero no se
ha conseguido nunca formar el hidróxido de mercurio, y parece ser que
las partículas del óxido están pegadas unas a otras, adquiriendo una
consistencia pastosa o, de barro. En estas condiciones, hay un gran "rozamiento interno" en el proceso de la deshidratación, porque a pesar de
la mezcla de óxido mercurioso con la potasa caústica en disolución concentrada, es opaca para la luz, como ocurre con todas las mezclas en
general, el ultra-violeta, no por esto deja de ser absorbido.

Las adherencias y roturas de las partículas de óxido mercurioso repetidas por un número de veces, forman una serie de tránsito
entre el estado líquido y el estado sólido, hasta que totalmente el sólido queda disuelto en el líquido.

El óxido mercurioso se hace un buen conductor eléctrico, a
medida vá sufriendo la transformación radiactiva en oro. Para los efectos de las corrientes eléctricas de alta tensión y frecuencia, el óxido
mercurioso como el cristal, pueden considerarse como dieléctricos. Estas
corrientes, se propagan por la superficie del óxido, formando corto-circuito con la luminescencia ultra-violeta que se distribuye por el cristal. Ahora bien, como las corrientes de alta tensión que yo utilizo, son

(10)

de baja frecuencia, producen fenómenos caloríficos y eléctricos por el interior de la masa pastosa del óxido mercurioso. De este modo se puede ver que el óxido mercurioso en el aparato oscilador actúa como una pila eléctrica de oxidación y reducción.

La tensión de borna en el arco eléctrico, y los potenciales aislados del aparato, prueban que esta fuerza electromotriz, es igual a la diferencia de tensión entre el electro sumergido en el óxido mercurioso y las paredes de cristal del indicado aparato.

Las tensiones de transformación radiactiva del mercurio, son siempre las mismas, y aparecen depósitos metálicos de oro, en el electrodo sumergido en el óxido mercurioso. La agitación sucesiva del óxido mercurioso con el electrilito alcalino, nos dá la reacción del hidróxido de oro; es pues, una electrilisis rápida. Este hidróxido de oro impuro, simplemente se puede separar del líquido en estado de reposo, o haciendo la separación por filtración, o centrifugación.

Cuando dí a conocer mi aparato oscilador, algunos investigadores pronto vieron, que la transformación radiactiva del mercurio en oro, dependía en parte, de una concentración de la corriente eléctrica. Se hicieron plagios a esta Patente, pero con ellos no consiguieron adelantar mas de lo que yo he publicado.

En la transformación radiactiva del mercurio, se obtienen compuestos de oro tri y divalentes, con idéntico pese atómico que el oro nativo. El átomo de mercurio, no desprende núcleos sueltos de hidrógeno, ni helio, y los electrones que emite, no influyen en esta transformación radiactiva del indicado elemento. La "concentración" de la radiactividad, que provocadamente emite este elemento, es la causa de su transformación. Un rudo golpe ha recibido la teoria de la transmutación de los átomos de radium, en lo que respecta a la transformación del mercurio.

Los electrodos del arco eléctrico, pueden ser de cualquier naturaleza metálica, siempre y cuando la amalgama, no dificulten las operaciones.

Son idénticos los aspectros, Roentgen y óptico, de los vapores de azufre que desprende el mercurio en sus transformaciones radiactivas y sin embargo, no son iguales el espectro Roentgen y óptico del oro obtenido en esta transformación.

Tan pronto como obtenemos el óxido mercurioso ionizado se puede observar, la inmediata presentación de un precipitado de hidróxido de oro, que es tanto más abundante, cuanto mayor es la cantidad de agua, con ralación al compuesto formado.

Para fijar mejor todas las ideas expuestas, de nuevo voy a hacer un resumen, que abarque los últimos extremos tratados en la solución del problema de transformación radiactiva del mercurio:

49ª.- El precipitado de hidróxido de oro, obtenido por transformación radiactiva del mercurio, es tanto más abundante, cuanto mayor es la cantidad de radiaciones Roentgen, emitidas en esta transformación.

50ª.- La solubilidad del óxido mercurioso aumenta, con la emisión de radiaciones Roentgen.

51ª.- Con la total emisión de radiaciones Roentgen, el óxido mercurioso se hace completamente soluble.

52ª.- En el óxido mercurioso la emisión de rayos Roentgen, está en razón inversa a la dureza de estas radiaciones.

(11)

532.- Tiene un límite marcado la dureza de las radiaciones Roentgen en el óxido mercurioso determinado, porque este óxido puede descomponerse en mercurio metálico y óxido mercúrico.

Yo he sido el primero que he conseguido dar al mercurio un carácter "fijo", convirtiéndole en una Base". Al mercurio se le puede privar de su volatilidad, transformándole en base, y para lograr esto, precisa la emisión de unas radiaciones invisibles, cuya longitud de onda, está en razón inversa a la "dureza" de esas ra-diaciones. El mercurio pierde su volatilidad, cuando ha emitido la totalidad de estas radiaciones Roentgen. El procedimiento que he descrito para conseguir este fin, es muy sencillo y hemos visto como el óxido mercurioso ionizado transformándose en una "base", representa la parte "no volátil", constitutiva de una sal de oro.

El óxido mercurioso mezclado con su disolvente, no es un cuerpo opaco cuando actúa el ultra-violeta a una distancia muy pequeña. Sálvanus P. Thompson, hizo observar, que el ultra-violeta de un tubo Geissler tiene igual propiedad de penetración que los rayos X., cuando aquellos rayos obran a una distancia muy pequeña.

Se puede establecer una escala de la dureza de los rayos actínicos, durante el proceso de la transformación radiactiva del óxido mercurioso en hidróxido de oro. El factor principal, para los efectos de las radiaciones actínicas, es la absorción; por este motivo, el óxido mercurioso hidratado, es mucho más suceptible para las acciones actínicas, que el mercurio metálico.

El óxido mercurioso ionizado hasta que no interviene un disolvente, no emite la radiactividad. Este es un fenómeno parecido a la descomposición del uranato de uranilo, que se practica para lograr concentrar la radiactividad.

En la Naturaleza, cuando aparece un elemento radiactivo, éste fácilmente se combina con cualquier otro elemento de los no radiactivos, y muy abundan en la tierra. Mendelejw, estableció las relaciones regulares, entre los pesos de combinación de los elementos análogos. El sistema periódico, ha servido para determinar el origen de los elementos. El mercurio está formado por la transformación radiactiva del thalium, pero es que en esta transformación hay la emisión de dos partículas. Por lo tanto, el thalium queda convertido en oro. Ahora bien, el oro aparece en un estado radiactivo, y por esta razón es de suponer, una combinación con el azufre, que es uno de los elementos que más abundan en la Naturaleza. La cantidad de azufre que se ha combinado, es igual al peso atómico del helio proyectado. De ningún modo esta radiactividad del mercurio, puede ser más idéntica a la del radium o la de cualquier otra substancia radiactiva que conocemos. Así es, como se ha formado el mineral de cinabrio: azufre y oro, que por descomposición, nos da un sulfuro anhidro radiactivo de oro, o sea M E R C U-R I O .-

Alicante 6 de Mayo de 1.926

= 12 =

B

ADICION A LA MEMORIA A

LA SENSIBLE REACCION DEL HIDROXIDO DE ORO POR TRANSFORMACION RADIACTIVA DEL MERCURIO METALICO O DEL OXIDO MERCURIOSO.

NOTA ULTIMA QUE TAMBIEN REIVINDICO COMO DE MI
UNICA Y INCLUSIVA INVENCION

No deja a la vez de ser instructivo el relatar como descubrí, que el oxido mercurioso se transforma en hidróxido de oro.

Manipulando en mi aparato oscilador, yo pude observar, que el electrodo de cobre que se sumerge en el mercurio metálico, al pasar la corriente eléctrica, se oxida juntamente con el mercurio ionizado, y pude comprobar al sacar este electrodo de cobre oxidado y amalgamado en la ionización, que nos dá una reacción característica de un hidróxido de oro impuro, cuando bañamos al mismo tiempo la amalgama de cobre ionizada con la disolución alcalina depositada en el menisco del aparato.

Esta reacción del hidróxido de oro impuro, se puede practicar de otro modo.

El electrodo de cobre es lavado con el ácido nítrico puro, y después tratado con agua. Cuando aparece el cobre con toda su pureza, fácilmente se amalgama, y al bañar el cobre amalgamado con la disolución alcalina, pronto aparecen los indicios del hidróxido de oro, en el preciso momento en que se deja abandonada la "amalgama" hidrolizada a la acción del aire. En estas condiciones se produce una ionización.

Estas reacciones, me han inducido a comprender todo el proceso de transformación del oxido mercurioso ionizado en hidróxido de oro, y practicando las sucesivas hidrataciones y deshidrataciones en el indicado oxido, se obtiene el hidróxido de oro con toda su pureza. De este modo es como pude fijar la atención en el referido compuesto mercurioso.

Las sales mercúricas se "hidrolizan" de una manera más pronunciada que las sales mercuriosas, y se comprende ahora que esto así sea. Todas las sales mercúricas básicas se caracterizan por su color amarillo, y esto sirve para evidenciar el momento en que se produce la descomposición de las mencionadas sales; sin embargo, también es cierto, que se conocen un gran número de sales del tipo mercúrico que se disuelven en el agua, sin presentar señales de descomposición. Muchos creen, que esto depende de condiciones especiales, pero á mí me ha sido fácil demostrar, la causa de este fenómeno de no descomposición, y queda explicado con las tres conclusiones siguientes:

1º.- Una cantidad enorme de energía queda en libertad, cuando el mercurio se combina con el oxígeno.

2º.- Se puede transformar esta energía libre en radiaciones Roentgen, mediante la hidratación del oxido mercurioso y

= 13 =

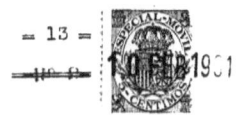

3º .- Se puede diluir la energía transformada en radiaciones Roentgen y hacer una nueva hidratación del producto resultante de esta emisión de radiaciones.

Siendo el mercurio un compuesto radiactivo de oro, puede considerarse con la plata y metales del grupo del platino, dentro de los metales nobles. El azogue no puede transformarse en oro, si hacemos tan solo combinaciones químicas con el referido elemento y otras substancias. He podido observar, que el mercurio contiene en estado metálico, una cantidad de energía libre, mucho menor, que en sus combinaciones. La diferencia que existe entre la energía libre contenida en una combinación de mercurio y la contenida en sus elementos, depende de la naturaleza de cada combinación en particular. Por este motivo, el carácter de combinación no puede ser considerado de una manera absoluta.

Son muchas las dificultades que desde antiguo los químicos encontraron para transformar el mercurio en otro elemento de distinta naturaleza. Modernamente nadie ha podido ver la enorme cantidad de energía libre que contiene el azogue en su combinación con el oxígeno.

Para ciertos químicos que lean esta Memoria, el fenómeno de la transformación radiactiva del mercurio en oro, no es un fenómeno de "descohesión" de partículas constitutivas del átomo de azogue. Al evidenciar la colosal cantidad de energía libre que el mercurio presenta en su combinación con el oxígeno, no he hecho otra cosa, que demostrar ante cierto reactivo, que un metal noble tiene todos los caracteres de los metales comunes, es decir, forma simplemente una combinación.

Mi descubrimiento no consiste únicamente en haber señalado la cantidad enorme de energía libre que presenta el mercurio en su combinación con el oxígeno. Doy a conocer un procedimiento de mi invención, para aislar y separar esa cantidad de energía, concentrándola de un modo conveniente, y para conseguir estos compuestos complejos de oro, utilizo un vaso de precipitación lleno de la disolución concentrada de potasa cáustica, y destinada a la hidratación del óxido mercurioso ionizado, una vez que este óxido, nos ha dado una gran emisión de radiaciones Roentgen.

El óxido mercurioso ionizado, o el mercurio metálico ionizado, nos dá una precipitación de hidróxido de oro, cuando el reductor empleado se ha mezclado bien con el mercurio o su compuesto y la mezcla ha llegado a enfriarse por completo.

En la cámara oscura, alumbrada por una lámpara roja, se han de realizar las operaciones de hidratación del óxido mercurioso ionizado, para evitar que la luz del día pueda convertir el óxido mercurioso en mercúrico.

Una doble ionización del mercurio metálico, o del óxido mercurioso, nos dá con el auxilio de un reductor, un precipitado de hidróxido de oro. Ya los químicos pudieron advertir, que no se conoce el hidróxido de mercurio, puesto que se supone se forma antes que el óxido mercúrico. Bajo la acción del ultra-violeta, cuando se transforma el óxido mercurioso puro, en mercurio metálico y óxido mercúrico, hay una producción de hidróxido, que no es precisamente de mercurio, si no de oro. Todo el óxido mercurioso se puede transformar en hidróxido de oro, y la reacción depende, en no dejar nunca que se forme el óxido mercúrico. Para evitar este último compuesto, se ha de utilizar la fluorescencia ultra-violeta, tenien

= 14 =

do cuidado que el aparato oscilador no llegue a un gran calentamiento. Es una fuerte ionización del oxido mercurioso, análoga a la que practico en el mercurio metálico, y esta ionización es la que hay que aprovechar para formar el hidróxido de oro, diluyendo el oxido mercurioso ionizado en una disolución concentrada de potasa caústica.

Efectivamente, el hidróxido de oro se forma antes que el oxido mercurioso o mercúrico, pero también puede en sentido inverso transformarse el oxido mercurioso en hidróxido de oro, puesto que este oxido mercurioso tiene una gran afinidad para la absorción del ultra-violeta. El oxido mercúrico no permite la ionización, y esto se debe a que tiene una forma más estable los compuestos mercúricos.

El oxido mercurioso ionizado, posee una gran inestabilidad para su transformación en hidróxido de oro. Si se convierte el oxido mercurioso en mercúrico, ya no puede presentarse el hidróxido de oro. La inestabilidad del oxido mercurioso ionizado, tras consigo su transformación en un hidróxido de oro; así resulta, que la reacción del hidróxido de oro es muy sensible, y precisa emplear un oxido mercurioso muy puro para lograr esta gran sensibilidad con la acción fluorescente del ultra-violeta.

Coinciden todos los químicos asegurando, que antes de formarse el oxidulo de mercurio o oxido mercurioso, se presenta el hidróxido, y que éste no se conoce, porque se cree que rápidamente se forma su anhídrido. De una manera constante, permanente, yo soy el primero en demostrar un hidróxido antes de formarse el oxido mercurioso, pero este hidróxido no es de mercurio, si no de oro. La ionización en el oxido mercurioso o en el mercurio metálico, persiste aún después de cesar la causa ionizante, y yo aprovecho esta ionización en el mercurio metálico o en el oxido mercurioso, para hacer la reducción del hidróxido. Al hacer la reducción del hidróxido, con gran sorpresa pude observar, un precipitado de hidróxido de oro a la segunda o tercera ionización. Este es mi descubrimiento.

Si sometemos el oxido mercurioso, a la acción de los rayos de la luz del día, rápidamente obtendremos un oxido mercúrico, y en este caso ya no se puede formar el hidróxido. De ningún modo podremos convertir el oxido de mercurio en hidróxido de oro. Cabe obtener una gran división de las partículas de oxido de mercurio, para convertirlas en hidróxido de oro, pero para esto se necesita que el oxido de mercurio se descomponga en sus elementos de oxígeno y azogue. El oxido mercúrico disuelto en el agua, contiene los iones respectivos de oxígeno y mercurio, y la reacción del hidróxido de oro, no se presenta de este modo.

Cantidades muy importantes de oro se pueden beneficiar, trabajando con el oxido mercurioso ionizado, pero yo he querido exponer todos los aspectos del problema de transformación radiactiva del mercurio en oro, para que así puedan estar bien garantizados los derechos de Propiedad industrial.

Alicante 6 de Mayo de 1926.

= 15 =
C 98.133

ADICION A LA MEMORIA A

LAS VARIACIONES DE LA ENERGIA LIBRE EN LA FORMACION DEL HIDRO XIDO DE ORO POR TRANSFORMACION DEL OXIDO MERCURIOSO IONIZADO.

Según las consideraciones expuestas en la Memoria que acompaño y en la Adición a la misma, vemos que lo que regula y determina el sentido de la reacción química del hidróxido de oro, por transformación del oxido mercurioso ionizado, son las diferencias o variaciones de la "energía libre"; ahora bien, las diferencias entre los calores de formación del hidróxido de oro nos miden los cambios de la "energía total", pero no los de la "energía libre". Por consiguiente, no pueden deducirse las variaciones de ésta de los números que nos dán los calores de formación.

Sin embargo, en la formación del hidróxido de oro, por transformación del oxido mercurioso ionizado, las diferencias entre la cantidad de energía total y la energía libre no son, en general, considerables para que no se puedan medir. En este compuesto de oro, hay grandes diferencias de energía total, y puede preverse que las variaciones de energía libre, aunque no tienen el mismo valor numérico, tienen por lo menos igual signo, y del signo del calor de reacción, se deduce el sentido de la misma sin ninguna reserva. Como el calor de reacción no sea pequeño, sin sospecha alguna, pueden determinarse las conclusiones

Debemos distinguir en la formación del hidróxido de oro, por transformación radiactiva del oxido mercurioso, la cantidad de energía que puede transportarse de un sistema a otro, y por otra parte, la energía no utilizable.

La energía libre y la energía combinada, que es como se designan a una y otra energía, forman la total, es decir, la energía total de un sistema, es la misma de su energía libre y de su energía combinada. A veces, en la formación del hidróxido de oro hay un fenómeno espontáneo, que va acompañado de una desminución de energía libre, y en último término, puedo decir, que la transformación radiactiva del oxido mercurioso en hidróxido de oro, no es más que el transporte de energía de un sistema a otro.

Una vez establecidos estos conceptos, me es fácil demostrar que la transformación del óxido mercurioso ionizado en hidróxido de oro es un fenómeno químico que no puede verificarse sin que disminuya la energía libre del sistema. El oxido mercurioso es la forma más inestable de todos los compuestos mercúricos y mercuriosos, y por esta razón, aquél contiene mayor cantidad de energía libre, y por el contrario, los compuestos mercúricos que tienen forma más estable, poseen menos energía libre.

Yo he dicho, que la ionización del oxido mercurioso persiste aún después de cesar la causa ionizante, y esto nos sirve para demostrar, que la transformación radiactiva del mercurio en oro, no es un fenómeno espontáneo.

Faltando la espontaneidad en la transformación del mercurio en oro, no se puede decir que la energía total no varia siempre en el mismo sentido que la energía libre. Puede ocurrir muy bien que,

= 16 =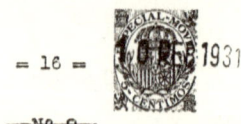

mientras disminuya la segunda, aumente la energía combinada en mayor escala, aumentando, en último término, la energía total del sistema. El óxido mercurioso ionizado, no es un sistema de esta naturaleza, y no lo es, porque la energía necesaria no la suministra el calor circundante como ocurre sin excepción en tales casos. Todos los fenómenos espontáneos, acompañados de enfriamientos del sistema, pertenecen a esta clase.

No puedo ocuparme en este lugar del modo de medir la energía libre del óxido mercurioso ionizado cuando se transforma en hidróxido de oro. Basta saber que esta transformación no es espontánea, y que la espontaneidad de un fenómeno nos sirve como signo de que disminuye por esta transformación la energía libre del sistema.

El aparato oscilador, patentado con el número 89.454, me ha servido para producir las diferencias o variaciones de la energía libre en el óxido mercurioso, y he podido demostrar de este modo, que la total emisión y concentración de radiactividad se produce en el óxido mercurioso ionizado cuando se forma el hidróxido de oro.

Parece ser, que el procedimiento de las sucesivas hidro-deshidrataciones, está fundamentado en la transformación en radiaciones Roentgen de la energía que queda en libertad en el compuesto de óxido mercurioso. Produciendo las diferencias o variaciones de la energía libre en el óxido mercurioso, se obtiene el calor de reacción del hidróxido de oro. Esta reacción puede compararse, como cuando el tricloruro o el ácido cloro áurico se descompone bajo la acción de las bases enérgicas, pero así como en este caso se produce un precipitado de color pardo amarillento, el óxido mercurioso ionizado por variaciones de la energía libre, nos da un verde aceituna con tintes amarillos, constituido por el hidróxido de oro impuro, Au(OH)3 y que se reconoce por la coloración azul que presenta el óxido ionizado cuando se disuelve en un exceso de base. Esta coloración azul la vemos en el líquido que aparece en el menisco del aparato, y únicamente en un gran exceso de base, y es que en este último término tiene propiedades ácidas débiles.

El óxido mercurioso ionizado, tratado con la potasa cáustica en disolución muy concentrada, deja un residuo de hidróxido de oro que puede llegar entonces a tener un color pardo amarillento. Este hidróxido de oro es bastante puro cuando se le trata con ácido nítrico diluido. Después de haber sufrido dos hidrataciones el óxido mercurioso ionizado en 15 minutos, se separa el líquido alcalino del menisco del aparato y se deposita en su lugar una cantidad de ácido nítrico diluido.

El calor de reacción del hidróxido de oro, producido por la ionización del óxido mercurioso tratado en un exceso de base, se acentúa más cuando estas diferencias o variaciones de la energía libre en el óxido mercurioso se realiza con la sustitución del ácido nítrico diluido. El ácido nítrico diluido actúa como la potasa en disolución muy concentrada, y bastan dos hidrataciones hechas con el ácido nítrico para formar la total energía del sistema. El precipitado de color verde aceituna con tintes amarillos, no se disuelve en los ácidos diluidos, pero sí en ácido nítrico concentrado, con el cual produce un ácido nitriaurico idéntico al cloro áurico. De este modo es como yo también compruebo, que el hidróxido de oro es una combinación de carácter esencialmente ácido.

= 17 =

La transformación radiactiva del mercurio en oro, tiene cierta semejanza con lo que ocurre cuando se precipita el cloruro de oro con la barita y se obtiene un aurato de bario poco soluble. La energía total, en el oxido mercurioso ionizado, varia siempre en el mismo sentido que la energía libre. El aurato de bario poco soluble deja un residúo de hidróxido de oro bastante puro cuando se le trata con ácido nítrico diluido. El oxido mercurioso ionizado, tratado primeramente con la potasa en exceso, y después con el ácido nítrico diluido, deja un residúo bastante puro de hidróxido de oro. Esta reacción se puede practicar fuera del aparato, una vez adquirida la completa convicción de la energía libre disminuida en el sistema. Yo he podido experimentalmente comprobar que un precipitado verde aceituna, obtenido en pequeña cantidad por ionización del oxido mercurioso, nos ha dado en un tubo de ensayo por el ácido nítrico diluido, un residúo de hidróxido de oro. El principio de la precipitación lo ha reconocido por la coloración azul que presenta el oro coloidal por transparencia. Esto realizado en pequeña cantidad, ha podido realizarse en gran escala.

Alicante 6 de Mayo de 1926.

Germán Botella

MEMORIA PRELIMINAR

LA DISOCIACION ELECTROLITICA DE LAS FORMAS MAS INESTABLES QUE APARECEN PREFERENTEMENTE EN CUALQUIER REACCION QUIMICA DEL OXIDO MERCURIOSO

El título de esta Memoria, refleja con bastante claridad, las orientaciones que ha seguido para beneficiar el oro en la cantidad que se encuentra formando el mercurio. Los que hayan seguido paso a paso el curso de estas investigaciones, podrán apreciar, que allá por el año 1918, dí a conocer en España una Patente, y en Inglaterra, este privilegio industrial, fué considerado por algunos eminentes físicos, como resultado de una intuición empírica. El mismo Prof. Rutherford, creyó llegado el momento de hablar de la transmutación de unos elementos en otros de distinta naturaleza, y por la mayor publicidad que este físico inglés dió a sus trabajos, parece ser, que Rutherford ha sido el primero que ha provocado la transformación de ciertos elementos. La prioridad con respecto a estos trabajos, yo la tengo asegurada un año antes que Rutherford, según la Especificación inglesa 126,961; pero no pretendo ahora hacer valer mis derechos de prioridad en una labor donde tantos quieren en la actualidad alcanzar gloria y provecho.

En realidad, la Patente que el 15 de Mayo 1918 registré en España, puede ser considerada como resultado de una intuición empírica, pero yo tengo publicado posteriormente ciertos trabajos, y otros que se hayan archivados en sobres cerrados y lacrados; alguno de ellos con diligencia Notarial. Estos conocimientos posteriores, confirman la intuición empírica de la primera Patente Española.

Hoy nadie reconoce lo milagroso de la intuición empírica, y es evidente que la subconciencia desempeña un papel importantísimo, hasta el punto que muchos consideran la intuición como labor de la subconciencia.

Para formar un juicio exacto de la constitución que tiene el mercurio y la transformación que experimenta este elemento, es de un gran interés leer la Memoria que el 28 Enero 1926, ante el Notario de Alicante, Don José María Py y de Puyade, quedó archivada en sobre cerrado y lacrado. La Especificación inglesa 126,961 fué conceptuada como obra de un razonamiento no desarrollado explicativamente, y si esto en realidad es así, no deja también de ser cierto, que toda obra del espíritu está sujeta a incesantes rectificaciones, y estas rectificaciones son las que precisamente se hayan en la Memoria del 28 de Enero. Los modernos conocimientos de la constitución del átomo, han derribado el sistema más sólidamente establecido en la Quinta: La indivisibilidad del átomo, y en estas orientaciones, apartándome muy mucho de la labor de otros investigadores, yo he llegado a fijar ideas que son hechos de pensamiento, tan estimables como los hechos prácticos.

De una manera más completa, el 9 de Marzo 1926, en una segunda Memoria, registrada ante el Notario de Madrid, Don Felix Rodriguez Valdés, desarrollo explicativamente las recientes intuiciones de tal valor, que por el presente escrito se podrán juzgar con imparcialidad.

= 19 =

= N° 2 =

Para mí, son más estimables las ideas que los hechos, y mirándolo así, me limito a exponer los hechos de pensamiento con las rectificaciones que impone el saber como obra del espíritu.

Se puede beneficiar industrialmente cantidades importantísimas de oro, por transformación radiactiva del mercurio, y el procedimiento que indico para obtener estas grandes cantidades de oro, es un procedimiento que guarda relación con los hechos científicos demostrados en toda mi anterior labor. Prescindo ahora de las instalaciones eléctricas por mí establecidas, y prescindo de ellas, una vez que he llegado al convencimiento de como se forma el oro en el mercurio. El oro se forma en el mercurio, por vía química, pero precisan realizar ciertas manipulaciones de orden físico para que se pueda formar el precioso metal amarillo. En honor a la verdad, estas acciones físicas son las que estaban encomendadas a los aparatos de cristal que llegué a inventar tras largos ensayos; pero yo he encontrado con posterioridad un medio para producir las acciones físicas de un modo más ventajoso, ahorrando tiempo y el factor hombre, y como consecuencia dinero.

Las instalaciones eléctricas, no son necesarias hacerlas, pero en su lugar hay que hacer grandes cristalizadores, o prensas, para romper los cristales de sales potásicas sobre el polvo inestable de óxido mercurioso que aparece en el fondo de un líquido fuertemente alcalino, es decir, con una gran cantidad del ion hidróxido.

Este cambio brusco que he sufrido en la investigación, está justificado y tiene sus antecedentes; por gran afinidad, con lo ocurrido en el descubrimiento del radium. Por procedimientos genuinamente físicos, Becquerel llegó á descubrir ciertas radiaciones en el urano y en sus compuestos, y esto sirvió para que los Curie obtuvieran por procedimiento químico, las substancias radiactivas en el mineral de la pheebienda. El sistema más sólidamente constituido, está á merced de las incesantes rectificaciones del saber humano. Los aparatos de cristal que inventé fueron considerados hasta la fecha, como el único medio para producir oro en la transformación radiactiva del mercurio. Los conocimientos ulteriores que he adquirido, me han proporcionado otros medios más factibles y de mayor seguridad en la práctica industrial de beneficiar el precioso metal amarillo por transformación radiactiva del azogue. Sucintamente, voy a realzar este nuevo procedimiento.

En lo que se refiere a la labor precedente, yo establecí una conclusión muy fundamental: para beneficiar el oro en la transformación radiactiva del mercurio, se necesita primeramente formar el hidróxido de oro, y el hidróxido de oro es una combinación de caracter esencialmente ácido. En estos anteriores experimentos, yo demuestro por ionización, como disminuye la energía libre en el óxido mercurioso. En la ionización del óxido mercurioso, hay una disminución de la energía libre; disminución de energía que no se verifica de un modo espontáneo. La ionización del óxido mercurioso se puede neutralizar con cualquier álcali, y formar entonces el hidróxido de oro. En la neutralización de la ionización del óxido mercurioso, se va señalando el sentido de la reacción del hidróxido de oro. El Método de las sucesivas hidro-deshidrataciones que yo he inventado estriba en neutralizar las ionizaciones en el mercurio metálico y en su compuesto de óxido mercurioso; de este modo se forma la energía total de un sistema, que no es precisamente de mercurio, sinó de oro.

Es muy importante saber como se mantiene la inestabilidad del

= 20 =

oxido mercurioso para poder disminuir la enorme cantidad de energía libre que contiene el referido compuesto mercurioso.

Trabajando en la oscuridad, con la luz roja, se mantiene bastante bien la inestabilidad del oxido mercurioso, y entonces se pueden aplicar los procedimientos físicos para disminuir la energía libre en el mencionado compuesto cuando aparece ionizado. Por frotación ó presión de los cristales de sales potásicas sobre la inestabilidad del oxido mercurioso, depositado en el fondo de un líquido fuertemente alcalino, hay una revelación latente de hidróxido de oro a consecuencia de haber disminuido considerablemente la energía libre por la gran inestabilidad del oxido. Cuanto más inestable sea el oxido, mayor disminución de energía libre habrá, y si en el líquido aparece una regular cantidad del ion hidróxilo, obtendremos el hidróxido de oro puro. Se pueden lograr las formas más inestables que aparecen preferentemente en toda reacción química del mercurio, sin necesidad de recurrir a la ionización. No debemos olvidar que cualquier fenómeno químico, no es más que la disminución de la energía libre, y así es, como se comprende el porqué los químicos no llegaron nunca a descomponer el mercurio en los elementos que lo forman.

También se puede neutralizar la ionización del oxido mercurioso con el ácido nítrico diluido, y observar los grados de la ionización neutralizada con el papel azul de tornasol.

Para ionizar el oxido mercurioso, precisa antes hacer una hidratación. El ion hidróxilo se combina en el momento de la ionización, es decir, cuando disminuye la energía libre en el referido compuesto.

El oro en su grado de división más grande, forma combinaciones complejas muy estables, cristalizando en laminillas incoloras, fácilmente solubles en I. 1/2 H2.O. Para que cristalice el oro de este modo, no es condición indispensables tratarlo en las disoluciones diluidas de cianuro potásico.

Al disolver el oxido mercurioso en el ácido nítrico, y luego precipitarlo otra vez con la potasa caústica, observamos de un modo particular, como desaparece por completo el valor determinado por la ley de la neutralidad térmica. Al repetir varias veces la aparición preferente de las formas más inestables del oxido mercurioso, se obtienen las numerosas combinaciones poco disociadas que el mercurio forma, y como lo que pretendemos nosotros es llegar a una disociación electrolítica del oxido mercurioso, el procedimiento a seguir consiste, en marcar el estado inicial en la descomposición del mercurio, por procedimientos físicos. El oxido mercurioso en presencia de los iones de potasio o nitrogeno que son capaces de combinarse con el ion mercurio, desarrolla una cantidad de calor más o menos considerable, pero yo he encontrado el medio para no formar los compuestos no disociables.

La ionización en el mercurio metálico, o, la ionización en el oxido mercurioso, no supone otra cosa, que la aparición de las formas más inestables que nos dá el azogue en cualquier reacción química muy enérgica.

Impunemente se puede añadir ácido nítrico diluido en la ionización del oxido mercurioso, cuando ha quedado marcado de un modo bien manifiesto el "sentido" de la reacción del hidróxido de oro. El hidróxido de oro, se caracteriza por una coloración pardo amarillenta, y se purifica bastante con mayores cantidades de ácido nítrico, diluido.

= 21 =

Yo he dicho, que la enorme energía libre que contiene el mercurio, son átomos en disgregación que "preexisten" en el referido elemento. Esos átomos en disgregación, tienen una constitución química bien definida, pero como no han entrado de acuerdo con sus pasos de combinación resultan, que los referidos átomos disgregados forman un elemento isótopo. Con arreglo al principio del trabajo máximo, jamás el mercurio ha podido descomponerse en oro, pero esto no es razón para que en un sistema se pueda formar aquel cuerpo que desprende menos calor. En la formación de hidróxido de oro, hay un desprendimiento muy pequeño de calor, o, lo que es lo mismo, el óxido mercurioso se transforma en óxido mercúrico y mercurio metálico, pero antes de estas transformaciones se puede formar el hidróxido de oro.

El nuevo procedimiento que utilizo para beneficiar el oro en la cantidad en que se encuentra formando el mercurio, está fundamentado, en las diferencias o variaciones de la enorme energía libre que contiene el óxido mercurioso. Puntualizo bien el calor de neutralización del óxido mercurioso con el ácido nítrico, y a la vez el valor desconocido, correspondiente al calor de precipitación (o calor de disolución con signo invertido). Daré á conocer la ley de los grados sucesivos de reacción en la formación del hidróxido de oro, por transformación radiactiva del mercurio.

En la cristalización abundante de sales de potasio, al mismo tiempo que se forma un precipitado de óxido mercurioso, aparece la reacción del hidróxido de oro.

Por procedimientos químicos, logramos diferencias o variaciones de la energía libre en el óxido mercurioso, y esto se consigue, diluyendo el óxido en ácido nítrico, para de nuevo precipitarle en un álcali; además, con estas manipulaciones, obtenemos la aparición de las formas más inestables del mercurio en cada una de las reacciones.

El color azul, que temporalmente, de un modo transitorio, se presenta al principio en cualquier reacción química del mercurio, corresponde al "átomo de oro", y yo he conseguido "fijar" este color "azul" de un modo permanente.

En las diversas operaciones de disolver el óxido mercurioso en el ácido, y precipitarle con el álcali, yo logro fijar una cantidad de oro por esta constante aparición preferente de las formas más inestables del mercurio; a la vez obtenemos una gran cantidad de otras sales, que no se disuelven en el ácido nítrico.

El procedimiento que he descrito para obtener oro, por transformación radiactiva del mercurio, resulta bastante sencillo, y algunos pensarán, que este proceso, teniendo por fundamento, la aparición preferente de las formas más inestables del mercurio en un líquido fuertemente alcalino, se podría alcanzar con reductores simplemente. A esta pregunta que pudiera surgir, debo contestar, que cualquier reductor, como el ácido oxálico, el sulfato ferroso, o, el ácido sulfuroso, podría fácilmente combinarse con el ion mercurio, y tendríamos las combinaciones poco disociadas que el mercurio forma. No hay más que aceptar el procedimiento mecánico de batir o romper los cristales de sales potásicas sobre la inestabilidad del óxido mercurioso, único modo de disminuir la gran cantidad de energía libre que contiene este compuesto.

Mi tubo de rayos ultra-violeta, y el aparato oscilador, han servido para producir con precisión las formas más inestables que nos dá el mercurio al principio de sus reacciones químicas.

= 22 =

El problema que he planteado en esta Memoria, consiste, en la "solubilidad" que tienen las formas mas inestables que se inician en cualquier reacción química del mercurio. Estas diferentes formas polimorfas que nos da el azogue cuando empieza alguna de sus reacciones químicas, tienen distintas concentraciones de saturación con respecto a un mismo disolvente determinado. Existe una ley conocida para estos casos.

Las formas mas inestables del mercurio, corresponden al átomo de oro, y como se hayan en presencia de un disolvente, no se logrará el estado de equilibrio. La forma estable se irá separando y la inestable se disolverá de un modo continuo. Esta forma estable ya no pertenece al átomo de mercurio, es "oro". Describiré en otra Memoria el procedimiento para producir una "disociación electrolítica" en el óxido mercurioso; no es un desdoblamiento o descomposición hidrolítica.

N O T A

Reivindico como de mi única y exclusiva invención y como objeto sobre el cual ha de recaer la Patente que solicito en España por veinte años: LA DISOCIACION ELECTROLITICA DE LAS FORMAS MAS INESTABLES QUE APARECEN INDEPENDIENTEMENTE EN CUALQUIER REACCION QUIMICA DEL OXIDO MERCURIOSO.

También reivindico las siguientes conclusiones, ya expuestas en esta Memoria.

1ª POR EL BATIDO DE CIERTAS SALES POTASICAS SOBRE LA INESTABILIDAD DEL OXIDO MERCURIOSO, DEPOSITADO EN EL FONDO DE UN LIQUIDO FUERTEMENTE ALCALINO, HAY UNA REVELACION LATENTE DE HIDROXIDO DE ORO, A CONSECUENCIA DE HABER DISMINUIDO CONSIDERABLEMENTE LA ENERGIA LIBRE EN LA GRAN INESTABILIDAD DEL OXIDO, y

2ª CORRESPONDE AL ATOMO DE ORO, EL COLOR AZUL, QUE TEMPORALMENTE, DE UN MODO TRANSITORIO, SE PRESENTA AL PRINCIPIO EN CUALQUIER REACCION QUIMICA DEL MERCURIO.

Tiene su justificación el modo de operar que he descrito para beneficiar el oro en la transformación radiactiva del mercurio. Responden estas manipulaciones a los grados sucesivos de reacción que ya observamos en el hidróxido de oro obtenido por la ionización del mercurio metálico, o la ionización del óxido mercurioso. Una ley general explica muy bien estos grados sucesivos de reacción.

A partir de la primera revelación latente del hidróxido de oro, se va alcanzando gradualmente el estado más estable, no parando la transformación hasta alcanzar el sistema un estado no transformable en otro y que, por consiguiente, será el de aurato potásico; oro metálico, el más estable de todos. Estos fenómenos se interpretan con exactitud, conociendo la causa de que depende la estabilidad de un sistema.

Cuando se ioniza el mercurio metálico, ú el oxido mercurioso, "el hidróxido de oro solo se forma en virtud de la ley de la aparición preferente de las formas más inestables, para pasar luego al sistema más estable en esas condiciones, que es el formado por oro mas ion hidróxilo". Es una reacción análoga a la que se produce para formar el hidróxido de cobre. Las dudas surgidas con respecto al hidró-

= 23 =

xido de cobre, que pierde agua cuando este hidróxido aparece en suspensión en un líquido, tiene la misma explicación que en la formación del hidróxido de oro, por transformación radiactiva del mercurio. Tanto un hidróxido como otro, son substancias inestables, bajo la presión ordinaria y a temperatura algo elevada y por eso se forman en condiciones precisas y fijas. El hidróxido de oro corresponde a una disociación electrolítica del atomo de mercurio.

Una determinada cantidad de acido nítrico diluido, con otra determinada cantidad de oxido mercurioso ionizado, nos dá una equivalencia de hidróxido de oro. Este hidróxido queda purificado, cuando se trata con ácido nítrico concentrado, formando el ácido nitri-aurico, análogo al cloro-aurico.

Es de interés conocer los colores que se presentan en los grados sucesivos de reacción del hidróxido de oro, por ionización del oxido mercurioso:

NEGRO VERDE Y PARDO AMARILLO

El azul se inicia en cada uno de estos grados de reacción. El ácido nítrico diluido precipita el hidróxido de oro, cuando aparece el óxido mercurioso ionizado con un color verde aceituna, o verde amarillo.

En el momento precipita el oxido mercurioso, y se forman luego los cristales de sales potásicas, se presenta una combinación de iones de hidrógeno y iones de hidróxilo para formar agua. Estas sales potásicas son mucho menos solubles a bajas temperaturas que otras sales. Los cristales de las indicadas sales retienen a veces mecanicamente pequeñas porciones de las "aguas madres", es decir, de las disoluciones donde se han formado, porque al crecer dejan hueco que después se recubren y se cierran. Yo aprovecho esta propiedad en cuestión para producir el hidróxido de oro. El líquido encerrado en estas cavidades de los cristales de sales potásicas, no se elimina cuando se seca el producto, y aunque las inclusiones líquidas contengan en el agua madre todas las impurezas de la misma, poco nos importa con tal que el hidróxido de oro se haya formado. Esta sal potásica es un producto menos puro que la substancia que en realidad forma los cristales.

Rompemos los cristales de sales potásicas y los rompemos con el batido o presión sobre el polvo negro, inestable, de oxido mercurioso; con lo cual, los cristales grandes se separan, van deformándose y por el desprendimiento de pequeñas partículas se determina la producción de otros nuevos. Estos últimos cristales más pequeños, son los de una substancia más pura. La sal potásica anhidra, en estado puro, es incolora.

No puede haber un aumento repentino de volumen y presión en los elementos que intervinen para producir la reacción del hidróxido de oro. No es de esperar que se produzca una acción rompedora y explosiva, combinándose el carbono y el azufre con el oxigeno de la sal potásica indicada. Contiene esta sal una gran cantidad de oxigeno que cede fácilmente en la reacción del hidróxido de oro, pero la enorme cantidad de energía libre que contiene el oxido mercurioso, no desaparece expontaneamente.

Es prematuro hacer un resumen de esta última labor realizada, y creo firmemente, no haber tratado con la extensión debida las

numerosas consecuencias que se deducen de la solución del problema de transformación radiactiva del mercurio en oro. Pretender dar algunos otros detalles, con respecto al nuevo Procedimiento que he descrito para beneficiar el oro en esta transformación radiactiva del mercurio, no me parece trabajo inutil, por cuanto vendrá a demostrar la bondad del proceso en la practica industrial.

El calor de neutralización que nos dá el oxido mercurioso cuando es disuelto en el acido nitrico, no puede ser interrumpido por ninguna otra reacción química. El óxido mercurioso disuelto en el ácido nitrico, es de nuevo precipitado por una base energica, y en el calor de neutralización de esta base con el acido se forma una sal que no está determinada por el calor de formación del agua. No aparecen los 57 Kj de calor que corresponden exclusivamente a la "formación del agua, partiendo del ion hidróxilo y del ion hidrógeno".

Cualquier reacción química del mercurio, no puede ser interrumpida, para que unicamente se manifiesten las formas mas inestables que se inician al principio de la reacción. Nosotros creimos que podiamos interrumpir la reacción. Las diferencias que hay entre los calores de neutralización del oxido mercurioso con distintos acidos, nos indican el calor que se desarrolla cuando uno de los iones mencionados substituye a otro en su combinación con el mercurio. Encontramos en la disolución del oxido mercurioso en el acido nitrico esta clase de combinaciones.

Las anomalias que se observan cuando las bases energicas solubles producen con las soluciones de cloruro mercurio un precipitado de oxido de mercurio, son debidas a la falta de "disociación electrolítica" del ion mercurio. Lo más interesante es haber demostrado, que cuando se añade ion cloro a una disolución acuosa de oxido de mercurio, la solución contiene una cantidad fácilmente reconocible de ion hidróxilo, procedente del oxido de mercurio. El cloruro de mercurio, si en esta solución adquiriera una "disociación electrolitica", sería un "cloruro de oro", que podriamos tambien confirmar, si esta "disociación" electrolítica" se produjera en el primer caso, cuando es disuelto el cloruro mercurio en una base energica y nos dá una cantidad de oxido de mercurio que no es equivalente a la cantidad de la base, sinó algo inferior.

La disolución de cloruro mercurio no contiene mas que una cantidad muy pequeña de ion mercurio, y es un "indicio" de las combinaciones complejas que el oro forma para que pueda actuar como un metal común. Si a esta disolución se añade una base, como por ejemplo, ion hidróxilo, se producirá primeramente una concentración determinada de este último, antes de que se alcance el producto de solubilidad del oxido de mercurio y éste se precipite. De no presentarse esta concentración del ion hidróxilo, y el cloruro de mercurio adquiriera la "disociación electrolitica", como resultado obtendriamos un "hidróxido de oro".

El oxido de mercurio se disuelve en las disoluciones de otros cloruros, y se producen entonces líquidos que poseen una reacción básica energica, y éste fenómeno queda explicado sabiendo, que la disolución de cloruro mercurio no contiene más, que una cantidad muy pequeña de ion mercurio.

Un estudio muy detenido he realizado sobre el oro coloidal que se puede beneficiar en la ionización del mercurio metálico,

= 25 =

o en la ionización del oxido mercurioso. Estos trabajos tienen cierta relación con las recientes investigaciones que se están llevando a cabo para obtener substancias coloidales de sodio y potasio en distintas disoluciones. Se habla de la ionización en las disoluciones de hidróxido de sodio y potasio, y las sucesivas hidrataciones que se practican para obtener estados coloidales en estas substancias. A decir verdad, hasta última hora, yo no he adquirido estos informes, y la marcha de mi investigación ha sido tan distinta, que me satisface coincidir en estos momentos con lo que dicen otros investigadores, trabajando en diferente aspecto. Yo di a conocer unos aparatos de cristal para producir la ionización en el mercurio metálico, o la ionización en el oxido mercurioso, para después de estas ionizaciones hacer la hidratación y deshidratación sucesiva en el referido elemento y su compuesto. Pienso ahora, si la ionización del oxido mercurioso se podría practicar rápidamente, bajo la acción de la luz solar, no dejando nunca que este oxido se transforme en oxido mercúrico y mercurio metálico. Para evitar estas últimas transformaciones, habría que hacer la hidratación del oxido mercurioso, tan pronto como tomara el color pardo amarillento, o el verde aceituna. Con las deshidrataciones realizadas por la luz solar, yo estoy seguro en obtener un estado coloidal de oro, si la hidratación se puede verificar con precisión cuando el fenómeno de la transformación del oxido lo requiera. Sería una acción foto-química de las formas más inestables iniciadas en la descomposición del oxido mercurioso, alternando con las hidrataciones, para formar el H I D R O X I D O D E O R O.

Alicante 6 de Mayo de 1926.

Germán Botella

= 26 =

B'

ADICION A LA MEMORIA PRELIMINAR A' 98.133

LA REACCION DEL HIDROXIDO DE ORO APARECE ANTES DE FORMARSE EL OXIDO DE MERCURIO.

El Procedimiento que doy a conocer para obtener una gran abundancia de determinadas sales potásicas, es un proceso que vá acompañado tambien de la producción de una regular cantidad de oxido mercurioso. Estos cristales grandes de sales potásicas "batidos" sobre el polvo inestable de oxido mercurioso, nos dá "primeramente" una reacción de "hidroxido de oro". La razón es la siguiente:

Las sales mercúricas, se obtienen sometiendo las combinaciones mercuriosas a la acción de agentes oxidantes, y antes de formarse el oxido mercúrico, se sospecha que se forma su hidróxido; es decir, se supone que el óxido de mercurio u oxido mercúrico (H_2O.), antes de formarse, dá lugar en primer término al hidróxido, que luego se transforma en su anhídrido. En concreto: el hidróxido de mercurio se conoce, y yo he demostrado su existencia, resultando ser "HIDROXIDO DE ORO".

El químico suspicaz y receloso, hará enseguida la siguiente pregunta. ¿Cómo puede ser que un elemento por el mero hecho de formar una determinada combinación química, pierda de peso átomico?; y la contestación no puede ser más sencilla. Es que este elemento, formando esa determinada combinación química, pierde una cantidad de la enorme energia libre que contiene.

Voy a exponer con más detalles, las condiciones que précisan para formar el hidróxido de oro de un modo permanente, en la transformación radiactiva del mercurio.

Determinados cristales de sales potásicas, retienen pequeñas porciones de las aguas madres, y en el momento que se presenta el hidróxido, antes de formarse el óxido de mercurio, el líquido encerrado en las cavidades de los indicados cristales, actua simultáneamente, y el mencionado hidróxido queda fijado de un modo constante. La acción simultánea a la formación del hidróxido de oro, tiene una explicación racional. Tan pronto como se forma el hidróxido de oro, pasa a un sistema más estable en esas condiciones: el formado por una gran cantidad del ion hidróxilo.

En los cristales de sales potásicas producidas por el procedimiento que ya describí, las aguas madres son las que contienen el oxido mercurioso. Los cristales mencionados ejercen por el batido su acción oxidante sobre estas aguas madres. Nadie podia sospechar que las inclusiones líquidas retenidas en cristales grandes de sales de potasio, pudieran desempeñar un papel tan importante en la solución de un problema de química de gran transcendencia. Esas impurezas de las aguas madres, contienen las mismas del oxido mercurioso.

El hidróxido mercurioso, es lo que debiera producirse primeramente, al formarse el oxido mercurioso ú oxidulo de mercurio, Hg_2O. este hidróxido corresponde a las formas más inestables del átomo de oro, y no se puede fijar por esta gran inestabilidad; así resulta,

que su existencia nunca se ha podido comprobar de una manera segura.

Hasta cierto punto, he dudado que pudiera librarme de los peligros que podría ocasionar la formación del hidróxido de oro en la transformación radiactiva del mercurio. Creí, que por pérdida de una cantidad de energía libre en el oxido mercurioso, podría sobrevenir una acción rompedora o explosiva. Estos temores han desaparecido. Yo produzco el hidróxido de mercurio, no el hidróxido mercurioso. Este hidróxido de mercurio, pasa a un sistema más estable en esas condiciones en que se forma, y no es precisamente el constituido por oxido mercúrico. Se forma el hidróxido de oro, o aurato de potasa. No dejo formar el oxido mercúrico, que es la reacción que podría formarse como último término, y esta reacción no dá lugar a ninguna acción rompedora o explosiva.

Inconscientemente, sin darme cuenta, he resuelto el problema industrial en la transformación radiactiva del mercurio en oro. Advierto de antemano, que hasta última hora no me he percatado de las propiedades que tienen las sales potásicas para producir oro en la transformación del mercurio. Llegué a fijarme en estas sales maquinalmente, y ahora deduzco las propiedades que tienen para producir la reacción del hidróxido de oro en el mercurio. Me ha ocurrido con esto, lo mismo que cuando fijé la atención en los tubos Crookes. Pretendí separar la energía libre que contiene el mercurio, por medio de las radiaciones que se pueden producir en un tubo Crookes, estando el azogue en el interior del tubo. Esta operación se empieza en un vacio preliminar, que aumenta paulatinamente, sin auxilio de ninguna bomba de vacio; únicamente por las radiaciones producidas en el azogue. Esta idea luego la he ido desarrollando, hasta descubrir el nuevo procedimiento que ahora doy a conocer. Disminuyo en el mercurio metálico y en su compuesto de oxido mercurioso la energía libre hasta lograr hacerla desaparecer en gran cantidad.

La reacción del hidróxido de oro que aparece con una gran abundancia de cristales de sales potásicas, al mismo tiempo que una regular cantidad de oxido mercurioso, tiene su explicación, como ha quedado demostrado.

El mercurio forma dos iones elementales, el ion mercurioso, Hg' y el ion mercúrico Hg''. El primero se asemeja por sus propiedades al ion cuproso y al ion plata, pero el segundo no presenta ninguna semejanza marcada con los demás metales. "El ion mercurioso se encuentra en las disoluciones algo concentradas en forma de ion doble divalente, Hg_2'', y en las disoluciones muy diluidas en forma de ion monovalente, Hg'. De donde se deduce: que el ion mercurioso, precipitado al estado de oxido y en un líquido que aparecen cristales de sales potásicas, se encuentra en una disolución algo concentrada, y por lo tanto, en forma de ion doble divalente Hg_2''. No está en las formas de ion monovalente Hg' que nos dán las disoluciones muy diluidas. No obtendremos el hidróxido mercurioso, pero antes de formarse el oxido de mercurio, produciremos un hidróxido permanente, que resulta ser de oro.

En atención a la simpleza, y hasta no llegar a poseer conocimientos completos del ion mercurioso, sobre las condiciones similares de los demás iones monovalentes de los metales pesados, los químicos emplean en la escritura, el símbolo sencillo. Después de mis trabajos, no cabe adoptar tales expresiones, por cuanto que con ellas, nos ponemos en contradicción con todos los hechos experimentales que hemos estudiado.

Debo hacer una observación que considero muy pertinente. Antes de producir el oxido mercurioso u oxidulo de mercurio, se forma el hidróxido mercurioso, que es oro, pero no se puede obtener, porque no puede formarse en las condiciones precisas en que actúan los metales comunes. Las combinaciones complejas de oro, no se forman de este modo, y por este motivo, no ha podido comprobarse la existencia del hidróxido mercurioso, y se cree, que inmediatamente se transforma en su anhídrido. El ión mercurioso se forma preparando una sal de mercurio en presencia de un exceso del mismo metal. Es imposible que de este modo se puedan lograr las combinaciones complejas de oro.

En toda esta labor de experimentación, he utilizado el ácido nítrico diluido, porque es el disolvente más cómodo del mercurio. Bajo la acción de este ácido diluido, se produce nitrato mercurioso (a la vez que se desarrolla bióxido de nitrógeno), con tal que el ácido nítrico no esté demasiado concentrado, y se procure que la temperatura no se eleve mucho. En el procedimiento que empleo para producir la reacción del hidróxido de oro, se puede formar nitrato mercúrico, por no haber atendido las condiciones arriba expuestas. Si se ha producido nitrato mercúrico, basta dejar su disolución en contacto con un exceso de mercurio metálico, durante algún tiempo, para que se transforme en una sal mercuriosa. En estas circunstancias, se forma de una manera casi completa (es decir, hasta 1/230) la reacción

$$Hg^{''} + Hg = 2Hg^{'}.$$

La reacción de hidróxido de oro resulta muy sensible, sabiendo que cuando el ión mercurioso no está en contacto con el mercurio metálico, se oxida fácilmente, transformandose en ión mercúrico.

El ión mercurioso, antes de convertirse en ión mercúrico nos dá en una disolución un color "azul pálido", caracterizado, por la formación del "hidróxido de oro". Este "azul pálido" que nos dá el ión mercurioso, antes de convertirse en ión mercúrico, ha sido la causa que yo me dedicara con un gran apasionamiento a interpretar un hecho, que está en contraposición con lo prescrito en la clásica Química, en lo que se refiere a este elemento, "No pueden distinguirse, por su simple aspecto, las disoluciones del ión mercurioso y el ión mercúrico, porque unas y otras son incoloras". Esto que nos dice la Química, no se cumple fielmente con la reacción que yo produzco, y no es porque se hayan formado combinaciones con un mismo anión, para que nos dé una solubilidad muy distinta, según se trate del ión mercurioso, o del ión mercúrico, aun que en tal caso la contradicción tambien subsiste. La coloración "azul", nos la dá al principio de una precipitación, o despues de unas sucesivas hidrataciones y deshidrataciones en el oxido mercurioso. Los químicos no han llegado a distinguir la diferencia del ión mercurioso, o mercúrico, nada más que por la distinta solubilidad; "pero no por su distinta coloración". Si el ión mercurioso, en vez de formar una combinación muy poco soluble con el ión cloro, formara una combinación suficientemente soluble, la coloración sería "amarilla".

= 29 =
= Nº 4 =

N O T A.
———————

Nota que reivindico, como de mi única y exclusiva invención y como objeto sobre el cual ha de recaer la Patente, que solicito en España, por veinte años: "LA REACCION DEL HIDROXIDO DE ORO, APARECE ANTES DE FORMARSE EL OXIDO DE MERCURIO".

Tambien reivindico lo siguiente:

1º "UN LIQUIDO COLOIDAL DE ORO, OBTENIDO COMO CONSECUENCIA A UNA PERDIDA DE ENERGIA EN LA TRANSFORMACION RADIACTIVA DEL MERCURIO" y

2º "UN PROCEDIMIENTO QUIMICO, DESCRITO EN ESTA MEMORIA, PARA OBTENER EL HIDROXIDO DE ORO, EN LA TRANSFORMACION RADIACTIVA DEL MERCURIO.

Distraidamente, batí la cantidad del polvo negro, inestable de oxido mercurioso, con los cristales grandes de sales potásicas, que se habian formado al mismo tiempo que precipitó el óxido. Pronto ví un liquido "verde" por transparencia y un "azul pálido". Cualquiera pudiera haber pensado, que se trataba de las sales potásicas combinadas con el ión mercurio, y sin embargo, yo no pude aceptar tal concepto. El fenómeno en cuestión, se producia en condiciones tales, que no pude admitir la supuesta creencia de un compuesto mercúrico. Mis ideas eran otras muy distintas, y estaban fundamentadas, en una labor científica a "priori" realizada.

La constante preocupación del fenómeno que indico, me indujo a hacer un estudio detenido del ión mercurioso en una disolución concentrada, y como la idea del hidróxido de oro, predominaba en todo el curso de la investigación, deduje, si ese "liquido coloidal de oro", que acababa de obtener, podia ser reducido a "oro metálico". Esta idea se arraigó, despues que pude razonar sobre el hecho descubierto. ¿Será la primera idea que se tiene de un hecho, lo que dán en llamar intuición?

Fijandome como se forman los cristales de sales potásicas en el liquido que precipitó el oxido mercurioso, y estudiando la cristalización abundante de esta sal, encontré un dato importantísimo que me sirvió para interpretar el fenómeno, que distraidamente yo habia producido. Tal vez algunos, consideren esto como obra de la "casualidad", pero quien haya leido toda mi anterior labor, podrá juzgar, que esta "casualidad" no se hubiera presentado, de no estar yo dispuesto a interpretar el hecho con los conocimientos científicos adqueridos en todo el trabajo precedente.

El dato importante que me sirvió para interpretar el fenómeno descrito, me lo dá los cristales de las sales potásicas que se forman; cristales que aún despues de secos, contienen una inclusión de las aguas madres. Al "batir" el polvo inestable de oxido mercurioso con estos cristales de sales potásicas, indudablemente, como gran agente oxidante que son formarian el oxido de mercurio, pero como quiera que antes de formarse este oxido de mercurio, se presenta el hidróxido, en virtud de la ley de la aparición preferente de las formas más inestables, este hidróxido, queda "fijado", porque encuentra simultáneamente el liquido de las aguas madres retenido en los cristales.

La acción oxidante de las sales potásicas, actúan espontá-

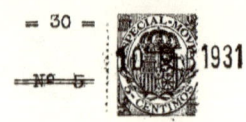

neamente co la acción del ión hidroxilo, y por este motivo, se forma "fijamente" el hidróxido de oro.

Como obra de la casualidad, no pueden considerarse los hallazgos científicos. Muchas veces es conveniente tener un lego en la materia, para que nos pueda sacar de nuestras abstracciones en momento oportuno. Un fenómeno tan insignificante, como el que he expuesto, no podía nadie suponer, que estuviera en él encerrado el "germen" de toda la industrialización del oro en la transformación radiactiva del mercurio. No podían suponer esto, ni tampoco, que tal experiencia me indujera a un cambio radical en la investigación: prescindir de todas las instalaciones eléctricas, que durante ocho años he estado trabajando, para determinar bien el problema que planteé, y ahora resuelvo satisfactoriamente de un modo completo.

Se ha dicho, que no hay fórmulas para hacer descubrimientos, y en realidad así sucede. Yo llevaba una orientación muy distinta, como saben muy bien los que me ayudaron en la labor a que me refiero, y el hecho que últimamente se me ha presentado, me apartó violentamente de la orientación que seguía. Este cambio lo presentí porque unos días antes, lo expuse por carta a algunos amigos, diciendoles, que el problema de la transformación radiactiva del mercurio en oro, se resolvía por "vía química". Días después, obtenía en un cristalizador un "líquido coloidal de oro", y unos cristales muy pequeños de sales potásicas.

Alicante 6 de Mayo de 1926

Germán Botella

C O M P L E T A   E S P E C I F I C A C I O N

EL ATOMO DE MERCURIO SE CONVIERTE EN UN ELECTROLITO COLOIDAL, Y POR ELECTROLISIS, NOS DA ORO METALICO.

El escepticismo de algunos físicos, con respecto al problema de la transformación del mercurio en oro, se ha manifestado de una manera más ostensible, cuando se ha podido observar, que esta transformación no responden a las ideas expuestas, principalmente por Rutherford, para convertir unos elementos en otros de distinta naturaleza. Todavía preguntan los físicos, si será una realidad en nuestro siglo el sueño de los alquimistas, y estas preguntas están formuladas, ante la posibilidad de crear oro. Siguiendo las orientaciones indicadas por Rutherford, se comprende que los físicos puedan observar la posibilidad de crear oro; pero es que en esta creencia yo nunca he participado. No he pretendido jamás crear oro, me he limitado a "beneficiar" el precioso metal amarillo que aparece formando el mercurio. La fabricación del oro, por transformación del mercurio no es consecuencia del principio de la unidad en la materia; no es un caso particular de la transmutación concebida en los elementos.

En el mercurio "preexisten" una cantidad de átomos disgregados, que no contienen los demás elementos conocidos. Por esta razón, no se pueden aplicar las ideas generales sobre la constitución de los elementos, para transformar el azogue en oro. De tener que "provocar" la desintegración del átomo de mercurio, estaría justificado el empleo de las partículas "Alpha" como el medio más eficaz, y hasta se podría considerar como el único conocido para provocar esta desintegración de los elementos; pero no es éste el problema que yo planteé en el año 1918.

Como he podido demostrar en varios experimentos, "el mercurio contiene una cantidad de átomos disgregados, que constituyen la energía libre de este metal, y desde el momento que esta radiactividad o energía libre puede acumularse, el metal en cuestión adquiere todo el grado de nobleza, por pérdida de la energía libre".

Desde 1918, un año después de la inscripción de mi primera Patente, Rutherford y otros reputados físicos, han propagado la teoría de la unidad en la materia. En 1924 y 1925, algunos físicos, con ciertas reservas, aceptan la transformación del mercurio en oro, como una consecuencia de la teoría en la unidad de la materia. En vano me esforcé por demostrar, que la transformación del azogue en oro, no debe ser considerada dentro de ésta teoría. Miethe y Nagaoka, al plagiar mis dos últimas Patentes, no pudieron hacer notar la diferencia de la transformación del mercurio en relación con las transmutaciones dadas a conocer por Rutherford en otros elementos, y como no pudieron hacer notar, estas diferencias, porque se atribuyeron lo que no habían hecho, los físicos se asombraron de los experimentos plagiados, y pusieron en duda la veracidad de los resultados.

Se tiene la convicción, que la identidad de la energía con la materia, evidencia el empleo de la energía utilizada por Rutherford para transmutar algunos elementos de los menos pesados, y no se puede admitir, que se obtengan mayores resultados empleando una in-

= 32 =

Nº 2

significante energia. Yo he contradecido este principio cientifico tan fundamental, y el desconcierto entre los físicos es muy grande, aumentando el escepticismo entre los incrédulos que persiste a última hora más que nunca.

No se me ha ocurrido pensar, que la enorme energia que desprenden los átomos de radium en sus transformaciones espontáneas, pueda fácilmente fabricarla el hombre, pero una cantidad de átomo disgregados, tal y como preexisten en el mercurio, es fácil por concentración o retrogradación hacerlos desaparecer, y como resultado, obtener un elemento de distinta naturaleza al azogue.

Mis ideas referentes a la transformación del mercurio en oro, no han sido divulgadas lo bastante para contrarrestar aquellas otras ideas que hoy dominan en el mundo científico y son defendidas por eminentes hombres de ciencia que se apoyan en los hechos experimentales dados a conocer como consecuencia del estudio de la constitución del átomo. Es posible la transmutación de todos los elementos, arrancando protones del núcleo. Esta opinión la comparten en la actualidad muchos físicos, que han visto de este modo, poder transformar el mercurio en oro, años después que yo lo dije. Sin embargo la duda ha subsistido, teniendo en cuenta, que el proyectil "Alpha", resulta impotente contra el pesado núcleo del mercurio, y las tentativas no se pueden dirigir por otros caminos.

Seducidos por la vanidad de figurar su nombre en un hecho de transcendencia, Miethe y Nagaoka dieron a la publicidad unos resultados, que llamaron la atención extraordinariamente, porque para obtener efectos similares, Rutherford necesitó atacar los átomos de otros elementos con una potencia muy superior a la señalada por el químico alemán y el físico japonés. Estos no supieron contestar a las indicadas objeciones, y la opinión competente quedó dividida, dudando del hecho que se había pretendido demostrar.

La sola tensión del campo eléctrico que yo menciono en mi Patente 89.454, fué lo suficiente para que la incredulidad se manifestara en el problema de la transformación del mercurio en oro, y esta incredulidad no se desvaneció, a pesar de la confirmación que Miethe hizo plagiando la Patente al año siguiente de la inscripción. El escepticismo de los incrédulos, está fundamentado, en la enorme desproporción entre el efecto obtenido y la insignificancia del medio empleado. Parece ser, que la tensión más elevada que empleé en mi último experimento, utilizando el arco eléctrico, ha llegado al convencimiento completo de hombres de ciencias del prestigio de M. Carlos Fabry, que no dudó en afirmar, ante la Sociedad Francesa de Física, su completa fé en el resultado dado a conocer por Nagaoka. M. Carlos Fabry, le pareció concluyente el experimento anunciado por Nagaoka, y no vió el espionaje practicado por el japonés con la Patente nº 89.454, registrada en España un año antes.

Para establecer el buen orden de este trabajo, y con el fín de ir señalando los errores cometidos por los físicos al considerar el problema de la transformación del mercurio dentro de la teoría de la unidad en la materia, me será permitido hablar del proceso de esta transformación, haciendo algunas advertencias, antes de fijar bien nuestras ideas.

Yo he llegado a creer, que en la transformación del mercurio en oro, podría haber, bajo la acción de un campo eléctrico, el

desprendimiento de dos electrones y tres protones de los núcleos atómicos del mercurio; pero nunca he supuesto, que para desprender tales partículas, precisara una cantidad de energía tan grande como los físicos indican. Puedo pensar, que estas explicaciones no satisfagan a muchos físicos, que han llegado a conceptuar impotente, la tensión aplicada a cada átomo para vencer la defensa opuesta por la séxtuple cintura de electrones, protegiendo eléctricamente cada núcleo, cual verdaderos pararrayos. Los físicos que opinan así, son los más escépticos, y ante la película rojo-violada obtenida en el experimento del arco eléctrico, mantienen su duda, considerando que al exámen microscópico, no prueba que sea oro el polvo de la mencionada película. Pudiera ser de tungsteno, o de algunos de sus óxidos, y en sus dudas llegan a creer, que aún que fuera oro, no sería extraño procediera del tungsteno, que contiene pequeñísimas cantidades de aquel metal, como casi todos los metales.

No pretendo en estos momentos, para contestar a las suspicacias de los físicos, aludir mi labor de investigación que permanece todavía inédita. Los experimentos que hoy se conocen, no parecen suficientemente concluyentes; para aceptar como un hecho indiscutible, la transformación del mercurio en oro, y únicamente, los ensayos de Rutherford han permitido abrigar ciertas esperanzas.

En esta Memoria, y con mayor cuidado, voy a completar, con los detalles de técnica adquiridos por la experiencia, todo el proceso de fabricación industrial del oro, por transformación del mercurio. Las sorpresas han de ser muy grandes, para quienes están ya iniciados en estos trabajos.

Por concentración del ion mercurioso, aparece la reacción del hidróxido de oro. Para que esta reacción del hidróxido se pueda presentar, es necesario que no falte nunca el agua, porque de lo contrario el óxido mercurioso se convertiría en mercúrico. Los cristales de sales potásicas que se han formado en el mismo líquido que ha precipitado el óxido mercurioso, nos dan la reacción del hidróxido de oro, cuando estos cristales de potasio son triturados sobre el polvo negro, inestable, del óxido. Basta al principio hacer un gran batido del óxido con los cristales de sales potásicas para que después de unas horas, por reposo, y en la nueva cristalización de las sales indicadas, se pueda apreciar por transparencia, en las aguas madres, un hermoso color verde por los lados, y por arriba, un "azul pálido". En estos fenómenos, hay una emisión o concentración de radioactividad.

Una vez indicada la reacción del hidróxido de oro, la operación se puede ultimar por procedimientos mecánicos y químicos. Con el óxido mercurioso y los cristales de sales potásicas se forma una especie de almohadilla de gamuza, y se sumerge en el agua. La almohadilla bien lavada, se coloca en una prensa, hasta conseguir romper los cristales sobre el polvo de óxido mercurioso. Una gran cantidad de substancia gelatinosa, queda adherida a la gamuza, y el bloque sólido de la mezcla de óxido y cristaloides, se separa con cuidado, depositándolo enseguida en un cristalizador que contenga agua alcalinizada o en su primitivo cristalizador. La gamuza se lava con una gran abundancia de agua, y por estas nuevas frotaciones de la substancia gelatinosa, aparece un líquido verdoso, que posee todas las propiedades generales de los coloides.

Este "electrolito coloidal" que yo he descubierto, pue-

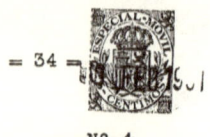

de ser sometido a una electrolisis ordinaria, y en el electrodo negativo, se deposita oro metálico.

De estos experimentos, yo he deducido una conclusión muy fundamental: El oro aparece en el ion mercurioso, y tiene propiedades que se asemejan al ion cuproso y al ión plata, pero si el ion mercurioso se convierte en mercúrico, jamás aparece ya el oro, y este ión mercúrico no tiene ya semejanza alguna con los demás metales.

La acumulación de radiactividad desaparece por retrogradación. Esta gran cantidad de energía libre, se presenta, en virtud de la ley de la aparición preferente de las formas más inestables. De la mayor inestabilidad del átomo de mercurio, depende la emisión importante de radiactividad. El oxido mercurioso va perdiendo cantidades de energía libre, de radiactividad, a medida la inestabilidad del átomo se acentúa más. En estas pérdidas de radiactividad, se presenta un fenómeno químico de gran valor: Una espontánea hidratación de las formas más inestables del átomo de mercurio. En esta espontánea hidratación, aparece ya convertido el átomo de mercurio en un "electrolito coloidal" y en el electrodo de cobre de mi aparato oscilador, se recoge una película rojo-violada de oro. Este hidróxido de las formas más inestables del átomo de mercurio, se caracteriza por un azul pálido.

La "disociación electrolítica" de las formas más inestables del átomo de mercurio, dá lugar a la formación de la "micelle iónica". La electrolisis coloidal en el átomo de mercurio, deposita en el electrodo negativo, oro metálico; pero es que también queda demostrado, como consecuencia de la teoría de los coloides: que un equilibrio reversible propiamente dicho, puede subsistir dentro de un sistema coloidal entre las diversas constitución cristaloide y coloide. En este sentido, tal vez sea posible demostrar, que utilizando tan solo la vía química, se pueda beneficiar el oro que aparece constituyendo el mercurio.

La "mezcla" de oxido mercurioso y cristales de sales de potasio está caracterizada por una gelatinización que tiene su límite marcado por la formación de la "micelle iónica". En realidad, no es una mezcla, pues se fija con exactitud la agregación de moléculas, para dar lugar a la micelle iónica. Separadamente, yo he mezclado nitro con oxido mercurioso, y no se ha presentado la gelatinización, cuando se ha hecho la presión, estando la mezcla dentro de un recipiente que a la vez contenía agua. El oxido mercurioso, mezclado con potasa caústica, tampoco produce esta gelatinización, realizando el experimento en las mismas condiciones anteriores. Precisa para ello, que los cristales de sales potásicas se hallan formado en el mismo líquido que precipitó el oxido mercurioso. De este estudio se deduce: que una vez iniciada la reacción del hidróxido de oro, se fijan cantidades de sales y coloides para formar la micelle iónica.

Con todos estos experimentos que yo he realizado, poseo una prueba cierta, que las partículas coloidales son agregaciones definidas, estables, en equilibrio verdaderamente con la constitución cristaloide. No es nunca, la molécula o el simple ión, la unidad de la agregación coloidal. Es suficientemente gruesa esta agregación coloidal, y es retenida por una ultra-filtración, dejando la molécula pasar.

Recientemente se ha manifestado una cierta tendencia, que muchos han considerado equivocada, al suponer que las partículas coloidales puedan ser gruesas moléculas, dentro de sus soluciones propiamente dichas, en el sistema de proteínas y gelatinas, no viendo jamás que puedan ser agregaciones. Quienes así piensan, no han llegado a observar, que en el caso del jabón, cada partícula de micelle iónica, contienen probablemente diez iones que conservan sus cargas eléctricas respectivas.

Las sales mercuriosas y de mercurio, poseen una conductibilidad eléctrica muy pequeña. No se ha podido llegar a una completa disociación electrolítica en estas sales. De haber podido ser esto, hace tiempo que el mercurio se hubiera convertido en oro. Las sales mercuriosas y mercúricas, no sufren más que una disociación hidrolítica, y la electrólisis que experimentan algunas de estas sales, son muy débiles. En estas condiciones, el problema que yo últimamente me he propuesto resolver, ha consistido, en convertir el átomo de mercurio en una "partícula coloidal". Esta partícula puede ser mejor conductor que los verdaderamente iones. Bastará demostrar esto con un simple electroesforo. El átomo de mercurio, convertido en una micelle iónica, posee una conductibilidad real, de muchas más fuerzas, que la de un simple ion, en conformidad con el principio que forma la base de la ley de Stoke.

Cuando el óxido mercurioso y los cristales de sales potásicas, se han convertido en una micelle iónica, es muy curioso estudiar la relación existente entre una partícula de micelle iónica, revelada por su conductibilidad superior, y la de los iones de la sal potásica correspondiente. Se puede representar de una manera distinta al doble armazón eléctrico en el fenómeno de referencia. Las superficies cargadas de conductibilidad eléctrica en los mencionados iones, es evidente, que no se encuentra nunca modificadas, más que por una porción del doble armazón eléctrico.

En los electrolitos coloidales del átomo de mercurio, aparecen unas largas moléculas, de formación idéntica a los sulfonatos en las diversas composiciones orgánicas, y que de igual modo se encuentran en los líquidos cristalinos y gelatinosos.

El descubrimiento de la micelle iónica, en el líquido que ha precipitado el óxido mercurioso, al mismo tiempo que se han formado una gran abundancia de cristales de sales potásicas, nos revela un tipo extremado de partícula coloidal con una carga entera, y claramente se observa el tránsito de una débil carga suspendida, que por el extremo opuesto, diremos corresponden a los coloides neutros, tales como la nitro-celulosa, que no es ionizable, cuando está en libertad. La estabilidad existente en los coloides neutros, es completamente independiente de las cargas eléctricas, y la absorción en su libertad, explican como se comportan esta especie de coloides.

Se puede adoptar una clasificación racional, en todas las soluciones coloidales, que muestran una transición gradual dentro de cada grupo del tipo vecino.

La Química de los coloides, nos ha facilitado, el esclarecer mejor el problema de la transformación radiactiva del mercurio en oro. El Método empleado, es aplicable de un modo general, dentro de este estudio de los coloides. Una substancia indiferente en una solución cualquiera, por ultra-filtración, se hace más concentrada, y se puede entonces exactamente calcular, la cantidad liberada y retenida en la combinación coloidal. Aparece hidratado el jabón en solución coloidal, y esta hidratación en la solución coloidal, me sirvió de punto de partida para mis nuevas investigaciones.

El nuevo procedimiento que he descrito en esta Memoria es de una enorme transcendencia. Consiste este procedimiento, "en batir o laminar la inestabilidad del átomo de mercurio, para conseguir una gran emisión de radiactividad". Batiendo y laminando la inestabilidad del átomo de mercurio, se obtiene en solución acuosa alcalizada, un líquido verdoso, visto por transparencia. En este líquido verdoso no se encuentra todavía el oro finamente subdividido. Aparece formada la micelle iónica, que al electrolizarse, se convierte en oro coloidal, bajo la acción del ácido nítrico diluido. Es el mayor grado de división que puede alcanzar el átomo de mercurio, y sobre este punto tan importante volveré á tratar después.

Mi ideal, en ciertos momentos de la investigación, ha sido llegar a producir grandes cantidades del líquido verde. Durante tres años he realizado un gran número de experimentos, trabajando con pequeñísimas cantidades de líquido verde. Yo he visto que al electrolizar el líquido verde, queda fijado un azul pálido, en el momento lo trataba con el ácido nítrico una vez electrolizado. El principio de la precipitación, se apreciaba siempre por esta coloración azul. El electrodo de cobre, como he dicho anteriormente, recoge una película rojo-violada, cuando el líquido azul pálido es sometido a una electrolización en mi aparato oscilador. De estas investigaciones yo saqué una gran conclusión.

El oxido mercurioso se convierte en "coloides", como resultado de una gran emisión de radiactividad.

En el escrito del 24 de Marzo del actual año, menciono las Memorias que quedaron archivadas ante Don José María Py y de Puyade, Notario de Alicante y Don Félix Rodríguez Valdés, Notario de Madrid. Sucintamente, en esta labor legalizada por los Notarios, me permito hacer unas consideraciones, referentes a como se ha formado el mercurio en la Naturaleza. Todo el trabajo de investigación, practicado durante estos últimos años, está muy condensado en los escritos rubricados y sellados por los Notarios. La indicada labor ha de ser divulgada, pero ello requiere tiempo y la tranquilidad consiguiente, para fijar mejor los conceptos, que de un modo ligero fueron expuestos. A este fin tiende el presente Memorandum.

El oro (mercurio), aparece en la Naturaleza como un elemento radiactivo. Su peso atómico en estas condiciones, es mayor a 197.2. Esta radiactividad del oro (mercurio), está neutralizada por un isótopo de azufre, equivalente al peso atómico de un átomo de helio. La radiactividad del oro, desaparece por concentración o retrogradación, juntamente con el isótopo de azufre, y entonces el precioso metal amarillo adquiere el peso de combinación de 197.2, (oro nativo), una vez que ha perdido la radiactividad.

La tendencia del mercurio a combinarse con el azufre, queda demostrada por las explicaciones arriba expuestas; pero nunca se logrará con el oro y el azufre a formar mercurio, porque falta la radiactividad que de una manera espontánea desapareció por un fenómeno natural. Son curiosas las propiedades que posee el sulfuro de mercurio que se encuentra en la Naturaleza en estado de libertad, constituyendo el mineral de cinabrio. Mezclado, en otros casos, con otras substancias, aparece el cinabrio bituminoso. Es de un gran in-

= 37 =

terés conocer estos minerales, porque esclarecen muy bien el problema de la gran emisión de radiactividad, a consecuencia de la extraordinaria inestabilidad del átomo de azogue. La mayor estabilidad del átomo de mercurio, se encuentra en la combinación de su sulfuro, y esta mayor estabilidad es debida, a la radiactividad que preexiste con el isótopo de azufre. No desapareciendo el isótopo de azufre, se podrá producir el anhídrido correspondiente, pero sin entrar en los pesos de combinación ordinarios. Yo creo firmemente, que los isótopos, no aparecen más que en los elementos radiactivos, aunque otros investigadores opinen que también se pueden presentar en los elementos no radiactivos.

Las combinaciones poco disociadas o complejas que el mercurio forma, son debidas a no haber desaparecido la radiactividad en el átomo de azogue. Esta radiactividad no impide para que el azogue pueda ser considerado como un elemento de un peso de combinación de 200.6. De igual modo que la radiactividad en el radium, no es obstáculo, para que éste sea considerado como un elemento de un peso de combinación 226, con todas las propiedades características que le son peculiares.

No se puede aumentar ni disminuir la velocidad de la radiactividad por ningún procedimiento de los más extensivos que se utilizan en los laboratorios en cualquier reacción química ordinaria. La radiactividad, en un principio se conceptúa, como un fenómeno que se realiza en lo más profundo del átomo, donde no llegan las acciones externas; pero esta radiactividad cuando aparece en algún elemento, fácilmente como he dicho, se puede concentrar y por retrogradación hacerla desaparecer o acumular. Es el caso de la radiactividad en el urano o en el mineral de la pheoblenda. No se ha podido aumentar ni disminuir la velocidad de la radiactividad en la pheoblenda o el urano metálico, pero sin embargo, se ha podido aislar o concentrar, resultando la obtención de una serie de substancias, una de las principales constituida por el radium, que a su vez representa otra serie de elementos, hoy muy conocidos, merced a las escrupulosas investigaciones realizadas mayormente por Rutherford. En el mercurio preexiste la radiactividad en condiciones parecidas a como se encuentra en la pheoblenda, y esta radiactividad del mercurio no se puede reconocer, utilizando los mismos procedimientos que en el mineral de urano. Esta ha sido la gran equivocación sufrida por los modernos físicos al considerar el problema de la transformación del mercurio en oro, como una consecuencia de la teoría de la unidad en la materia, y no fijarse en las razones arriba apuntadas.

Está demostrado que el radium tiene su origen del urano, y nadie ha podido pensar que en el mercurio pudiera existir una substancia radiactiva en igualdad de circunstancias a como aparece el radium en la pheoblenda. Hay diferencias esenciales, pero es evidente, una radiactividad del mercurio que tiene su origen del thalium. Esta radiactividad del mercurio se encuentra siempre en cantidad fija y determinada, dando un total un elemento de un peso de combinación a 200.6. La radiactividad del urano también es fija y determinada, y el elemento de combinación en concreto es de 238.2.

En todas las transformaciones radiactivas en la que hay emisión de partículas "Alphas", es decir, de átomos de helio cargados positivamente, el peso atómico resultante, es la diferencia, entre el átomo primitivo y el helio proyectado. En la transformación radiactiva del urano, se llega al peso atómico resultante correspon

diente al radium, y en esta transformación, hay emisiones de partículas α, que son isótopos de elementos conocidos. En la transformación radiactiva del mercurio, el peso atómico resultante es el oro, pero hay también la emisión de una partícula α, que es un isótopo de un elemento que yo he logrado precisar.

De este estudio detenido que hemos hecho del mercurio como elemento radiactivo, se puede decir, que no sabemos el alcance que pueda tener en relación con otros elementos. En el proceso empleado para aislar y concentrar la radiactividad del uranato de uranilo, yo he podido observar, que este compuesto químico sufre una serie de descohesiones que se pueden comparar, al batido que practico en la inestabilidad del átomo de mercurio. La inestabilidad del átomo de azogue, debe mantenerse durante un tiempo preciso, cuidando que el referido átomo no pueda formar combinaciones complejas, hasta no haber dado una gran emisión de radiactividad. Como consecuencia de esta gran emisión de radiactividad, se presenta el estado coloidal en el óxido mercurioso, y cabe preguntar si el estado coloidal en la materia, no será un resultado de la emisión de energía libre. La volatilidad en el mercurio desaparece, cuando se ha convertido en coloide el referido átomo.

Los experimentos que menciono en esta Memoria, son más que suficientes para demostrar la pureza del oro, por transformación radiactiva del mercurio. No es necesario analizar previamente el mercurio para cerciorarse de su transformación. En la proporción en que se convierte en oro, nos exime de hacer tales análisis. Nunca he tomado las precauciones, que Maethe y Nagaoka, han tenido tanto interés en señalar, para llegar al convencimiento de los incrédulos. Mis propósitos desde un principio, han sido convertir casi todo el mercurio en oro, y esto que asustaba a las gentes, creyendo se trataba de una empresa imposible, vá tomando hoy día carácter de verdad, dedicándose muchos al vellocino del oro. Tímidamente, el químico alemán y el físico japonés, lanzaron a la publicidad el descubrimiento de la piedra filosofal, apresurándose en decir, que el procedimiento empleado para obtener el oro, por transformación radiactiva del mercurio, resultaba muy costosísimo, y tenían la creencia que no se podría llegar nunca a obtenerlo de un modo industrial. Con esto, los químicos aludidos no perdían prestigio, pues efectos similares ya los había logrado Rutherford en otros elementos.

A pesar de la ambición desenfrenada, que han tenido Miethe y Nagaoka por aparecer como descubridores de la piedra filosofal, la labor de controle, se ha realizado en tan pésimas condiciones, que han puesto en duda la veracidad de los hechos dados a conocer por tales investigadores. No he querido publicar más de lo consignado en las Patentes 86.412 y 89.454, y es gracioso ver, que ya no se ha dicho nada más nuevo.

No pongo al pié de esta Memoria, la Nota que se pide en toda solicitación de Patente, porque presumo que han de ser muchas las Patentes que se habrían de solicitar para que quedaran bien reivindicados los derechos de propiedad industrial. Me limitaré a formular algunas conclusiones, después de exponer algunas ideas relativas a la electrolisis coloidal.

Se aplica, no solamente a los fenómenos eléctricos, que en realidad, son una simple expresión de las propiedades químicas, sinó que se cumple igualmente en las propiedades químicas de todo género, el hecho siguiente: Cuánto menor es la concentración de un ión

metálico en una disolución, tanto más se parece, por el papel que desempeña ante el disolvente a un metal común. La cantidad de oxido mercurioso y cristales de sales potásicas obtenidos a un mismo tiempo en un cristalizador, se diluyen en un volumen de agua diez veces más grande, después de las operaciones de batido y ultra-filtración, hasta conseguir formar la micelle ionica.

No se pueden repetir las operaciones de disolver el oxido mercurioso en el ácido nítrico, por un gran número de veces, para después precipitar de nuevo el oxido. En el primer caso, nos exponemos a formar combinaciones de mercurio con el ión nitrógeno, muy poco disociables, o, que actúe el ión mercúrico, en vez del ión mercurioso, dada la gran concentración en que aparece este último. La inestabilidad del átomo de mercurio, se ha de buscar, por procedimientos puramente mecánicos, único medio de conseguir una gran emisión de radiactividad. Bastará, disolver el oxido mercurioso en el ácido nítrico una sola vez y repetir su precipitación, para lograr al mismo tiempo una abundante cristalización de sales potásicas. Se puede tratar de primera intención un kilo de mercurio.

El problema que yo resuelvo esclarece muchísimos problemas de química. El átomo de mercurio, convertido en un "electrolito coloidal", no necesita miles de voltios para sufrir la electrolizis. Una tensión de 12 a 14 voltios, será lo suficiente.

Hasta hoy no he utilizado más que intensidades pequeñísimas, fracciones de amper, para convertir el mercurio en oro; pero las tensiones han sido siempre muy elevadas, pues se trataba de miles de voltios. La tensión ha desminuido grandemente, y sin embargo la intensidad ha aumentado.

El átomo de mercurio en su constitución radiactiva, sufre una descohesión, una desintegración provocada por procedimientos mecánicos. La descohesión, o desintegración del átomo de mercurio, se puede observar simplemente en una disociación electrolítica. Parece imposible que tales cosas puedan suceder, y todo estriba en la grande inestabilidad del átomo, que nos permite producir una gran emisión de radiactividad, como si se tratara de la desmaterialización concebida por Gustavo Le Bon.

En el líquido verde, la micelle ionica formada, no aparece con la completa emisión de la radiactividad, y para conseguir esta completa emisión, recurrimos a un procedimiento físico-químico, aclarando mejor el concepto de electrólitos. Se trata de saber la "conducta del líquido verde bajo la acción de la corriente eléctrica". Este líquido pertenece a los "conductores de segunda clase" y al mismo tiempo que transporta la corriente experimenta un "cambio químico". En los puntos donde se introducen los conductores metálicos o "electrodos" se produce la separación química de sus partes componentes y entre estos componentes aparece una revelación latente de oro. Esta electrolisis se ha de practicar con agitación constante del electrolito.

Los electrolitos depositados en los electrodos, de nuevo son disueltos en el líquido verde, y se añade entonces, una cierta cantidad de ácido nítrico diluido, hasta que el color verde cambie por un azul pálido, "SIN LLEGAR NUNCA A PRODUCIR UNA REACCION ACIDA EN EL LIQUIDO". Como resultado de esta reacción, observaremos por el amperímetro y voltímetro, que este líquido "AZUL PALIDO", posee una mayor conductibilidad eléctrica que el líquido verde. Esta es la disociación electrolítica de las formas más inestables del átomo de mer-

= 40 =

curio, y como consecuencia aparece ya completamente formado el "electrolito coloidal", o micelle iónica. Al practicar de nuevo la electrolisis, el electrodo de cobre negativo, recoge un depósito galvánico rojo-violado de oro puro.

El líquido azul pálido, posee todas las propiedades generales de los coloides, y puedo afirmar, que en la producción del indicado líquido, se han formado los iones complejos de oro, o iones positivos, que han dejado en libertad, como resultado de esta formación compleja, una gran cantidad de radiactividad o energía.

Las leyes de la electrolisis determinadas por Faraday, fijan con exactitud, las cantidades de oro que se pueden obtener en esta electrolisis coloidal. La tensión de polarización y la tensión de descomposición, es igual a la precisada en la separación de los metales de las disoluciones de sus sales.

Estos experimentos fueron realizados trabajando con cantidades pequeñísimas de materia, y en condiciones fuera de las establecidas ordinariamente en la electrolisis. Sin embargo, yo pude observar en mi aparato oscilador, que la cantidad de oro que se separa en el electrodo de cobre, es exactamente proporcional, a la cantidad de electricidad que atravesó el electrolito. Al llegar a esta conclusión tan fundamental, vi inmediatamente la necesidad perentoria de producir grandes cantidades de líquido verde, utilizando la vía química. El líquido verde se puede producir en abundancia por procedimientos mecánicos y químicos, y logrando esta producción en gran escala, muy bien toma carácter industrial la transformación del mercurio en oro. Con estas ilusiones me propuse continuar la investigación, y de los resultados alcanzados, pueden dar fé el presente trabajo.

El líquido verde que en cantidades exiguas únicamente podía producirlo por procedimientos eléctricos, y después de una labor muy minuciosa, hoy fácilmente lo obtengo en cantidad enorme, siguiendo otro procedimiento. Este líquido induce a pensar, que el paso de la electricidad al través del mismo, está ligado al movimiento simultáneo de iones, y que este líquido contiene en mayor cantidad los iones que cualquier sal de mercurio, en atención a que origina la corriente eléctrica en mejores condiciones. De no haber transporte de iones a través del líquido, no se produciría la corriente eléctrica, y observamos que esta corriente es mucho mayor que la determinada por las sales de mercurio en disolución acuosa.

Estos resultados adquiridos en la investigación, nos obligan a dar el concepto de la naturaleza del ión. La corriente abandona los iones en los electrodos, y continúa en los conductores metálicos, sin que entonces se produzcan movimientos simultáneos de materia. Cuando el líquido verde aparece electrolizado, podemos suponer una carga, durante la cual, la energía suministrada, se transforma en química, acumulándose de este modo. En estas circunstancias el electrolito del líquido verde, por la adición del ácido nítrico diluido, sufre una completa disociación electrolítica.

La disociación electrolítica de las formas más inestables del átomo de mercurio, posee propiedades muy importantes, señaladas en mis anteriores Memorias. El electrolito de las formas más inestables del átomo de azogue, cuando es colocado, entre el mercurio metálico

= 41 =

y las paredes de cristal de mi aparato oscilador, actúa como una pila seca. En la situación indicada, el electrolito de referencia, aparece inmóvil, como si estuviese encerrado. Con las corrientes intermitentes débiles y fuertes, yo he producido una serie de fenómenos, de cuyo valor industrial, no puedo calcular en estos momentos. Las mayores cantidades de oro, por transformación radiactiva del mercurio, las he beneficiado de este modo, haciendo el "emparedado" del electrolito de mercurio en la forma arriba expuesta.

En estos "emparedados" del electrolito de mercurio, yo he buscado siempre la inestabilidad del mencionado átomo, para producir una gran emisión de radiactividad. En el preciso instante de esta gran emisión de radiactividad, es decir, de la extraordinaria inestabilidad del átomo, si se hace pasar una corriente eléctrica, todos los aparatos quedan desmagnetizados.

La inestabilidad en el átomo de mercurio, se produce tantas veces como se quiera, aplicando el Método de las sucesivas hidro-deshidrataciones, que yo he inventado. De este modo se consiguen las emisiones de radiactividad.

No encuentro difícil, el poder representarnos, la diferencia que existe entre los iones que yo doy a conocer, y el elemento de combinación del mercurio. Los iones que yo he logrado producir, son materias cargadas de electricidad, superior a la de un simple ión de mercurio. Esta diferencia es esencial, pero además, el elemento de combinación de azogue en estado normal, no está electrizado. Sin entrar en más detalles, esta concepción, puede servirnos para una buena representación de los hechos reales, y ya más adelante expondré el modo de estar enlazadas con las materias las cargas eléctricas de los referidos iones. En todo este trabajo de investigación, la idea que predomina es la misma que sustentan muchos eminentes químicos, que han visto, que los iones se diferencian de las materias "no" iónicas de igual composición, por la "cantidad de energía".

A nadie puede ya sorprender la transformación radiactiva del mercurio en oro. Un cuerpo cargado de electricidad tiene necesariamente, como consecuencia de esta carga, una cantidad de energía diferente de la del cuerpo no electrizado. Entre el mercurio al estado de ión, y el mercurio ordinario al estado de vapor, existe una diferencia considerable. El vapor de mercurio contiene mayor cantidad de energía, que el ión mercurio. Puede ya suponer el lector, que las formas más inestables del átomo de mercurio, convertidas en una "micelle iónica", posee una carga eléctrica superior a la de un simple ión de azogue, y en este caso, la cantidad de energía libre o radiactividad ha desaparecido casi por completo. He aquí, explicado, el gran descubrimiento de la transformación del mercurio. En esta transformación, no ocurre como en otros casos inversos, en que el ión contiene más energía que su forma alotrópica.

El líquido verde de mercurio, estudiado bajo el punto de vista de la Química de los coloides, ha determinado las bases en la teoría de la electrolisis coloidal. En primer lugar, debemos apuntar, que la hidrolisis de las sales mercuriosas y mercúricas, no tienen ya ningún valor, desde el momento en que se puede formar la micelle iónica. La "disociación electrolítica" y el "desdoblamiento" o "descomposición hidrolítica" son dos cosas completamente diferentes, pues la primera se produce principalmente con las sa-

= 42 =

les de ácido y bases enérgicas, y la segunda solo ocurre cuando la base o el ácido (o ambos a la vez) son débiles, es decir, cuando están pocos disociados. Por esta causa, ha sido imposible la electrolisis del oro, que forma parte de la constitución del mercurio.

En la constitución del líquido verde de mercurio, el ión hidróxilo tiene bastante importancia. Para estudiar bien este líquido verde de azogue, debemos establecer lo siguiente:

a) La medida de la fuerza electromotriz.

b) La medida de la catalisis.

c) La medida de la conductibilidad de soluciones alcalinas, en contacto con el líquido verde, y cuando éste cambia en azul pálido por la adición del ácido nítrico diluido.

d) El análisis de la ultra-filtración concentrada de oxido mercurioso y cristales de sales potásicas, merced al mismo, casi todo el oxido y las sales, son retenidas sobre forma coloidal.

Las propiedades esenciales del líquido verde, son debidas a su constitución, y en manera alguna a los productos de hidrolisis. Dentro de estas condiciones, existen en el líquido verde, dos propiedades de una gran importancia: la actividad osmótica y la conductibilidad.

Presenta dificultades insuperables, la medida de la actividad osmótica, y si bien es verdad que se trabaja bastante bien en los aparatos de Krafft y de Smits, algunos los consideran también algo defectuosos, y por esta razón, nos limitaremos a estudiar, una numerosa serie de concentraciones de líquido verde de mercurio, por los cuatro métodos siguientes:

a) Disminución del punto de congelación

b) Disminución del punto de rocío.

c) Presión mínima para la ultra-filtración a través de una membrana compacta.

d) Disminución de la presión de vapor.

Del resultado de estas investigaciones, se puede deducir la siguiente conclusión. Una solución concentrada de líquido verde de mercurio, presenta una actividad osmótica, igual a la mitad de una sal ordinaria. Naturalmente, que esta actividad aumenta mucho en una solución diluida, y tiende a disminuir a medida la temperatura se eleva. Las diversas soluciones del líquido azul pálido, acusan valores intermediarios en la forma más regular.

La conductibilidad del líquido verde y azul pálido de mercurio, es igual a la mitad de una sal. Dentro de los posibles errores, de orden físico y químico que se pueden presentar, podemos establecer el hecho mencionado, por un buen número de medidas. Estos resultados se podrán, más adelante, confirmar en otros laboratorios.

= 43 =

Se puede admitir, que la mitad de la conductibilidad del líquido verde y azul pálido de mercurio, es debida a un vehículo negativo, a una gran cantidad de radiactividad, que no manifiesta nunca actividad osmótica apreciable, y es por consecuencia coloidal; esta es la "micelle iónica". Un electrolito coloidal es una sal, dentro de la cual, uno de los iones es reemplazado por una "micelle iónica". Se puede decir, que las partículas coloidales tienen una carga elevada en libertad.

La electrólisis coloidal, no disocia la forma de una micelle iónica neutra. A valores perfectamente definidos, conducen todas estas interpretaciones, para cada concentración de los líquidos verdes y azul pálido. En la constitución de tales líquidos, el ión mercurio forma la micelle iónica. De esta última, en deducción directamente, se encuentra la movilidad y conductibilidad del ión oro. Estos valores aparecen confirmados por los métodos siguientes:

a) Medida de iones de mercurio en el líquido verde en medio de electrodos de oro.

b) Ultra-filtración á través de membranas, reteniendo todos los coloides constituidos por óxido mercurioso y sales de potasio más dejando pasar a todos los cristaloides.

c) Medida de la migración electrolítica.

La identificación de las soluciones verde y azul pálido en sus constituciones, concuerdan igualmente con toda una serie de acciones cualitativas con el ión oro.

Los líquidos verde y azul pálido de mercurio, en estas diversas condiciones, establecen por poco una constancia, avalada en pequeña diferencia, existente, entre las proporciones de micelle neutra de las sales correspondientes de mercurio y de oro. Por otra parte, en la solución verde de mercurio, la proporción de micelle iónica, es superior a la de un simple ión de mercurio, y en la solución azul pálido, la micelle iónica se manifiesta aproximadamente dos veces más grande, que el ión mercurio. Al establecer esta conclusión, la micelle iónica debe contener una cierta cantidad de coloide neutro, y que parece existir en una proporción notable, en estado independiente, sobre forma de micelle neutra. La diferencia esencial entre la solución verde y solución azul pálido de mercurio, es la misma que observamos en las series homólogas saturadas y no saturadas. Estas diferencias en principio, nunca son debidas a la constitución de sus soluciones, más bien parece ser a distintas solubilidades. La solución verde de mercurio, prácticamente está menos disociada en iones, que la solución azul pálida. En soluciones diluidas son coloides, y no cristaloides, aunque la dilución sea extremada. En todos estos experimentos, yo pude apreciar, que la formación de un electrolito coloidal es favorecido por una baja temperatura, aumentando los puntos moleculares en la serie homóloga, con la adición de sales.

El exámen de las soluciones verde y azul pálido de mercurio, que yo he sido el primero en producir, nos ha ofrecido aspectos múltiples, limitando los valores más estrictos a que podemos llegar para formarnos con claridad una idea general, de como se comportan estas soluciones en la Química de los coloides, dentro de los fenómenos que presentan con sus ramificaciones. Hemos preten

= 44 =

dido, particularmente, hacer un estudio del estado coloidal, y de sus relaciones con los otros estados. Las soluciones verde y azul pálido de mercurio, tienen una composición química, caracterizada en los iones de oro.

En los modernos conocimientos de las substancias coloidales, aparece una familia numerosa; pero para obtener estados coloidales, no importan las propiedades de las combinaciones. Se pueden producir a nuestra voluntad, substancias en estado coloidal, dentro del tipo de un grupo abundante de materias ionizables. Estas han sido mis primeras investigaciones, ionizando el mercurio metálico, y más tarde el oxido mercurioso, para obtener un estado coloidal de oro. Estas materias guardan una analogía muy estrecha en la forma de comportarse las sales de proteina y gelatina.

Son muy interesantes las orientaciones que hoy siguen físicos y químicos, estudiando las propiedades que tienen las soluciones fluidas gelatinosas, que aparecen limpias, elásticas y transparentes, con su completo estado de equilibrio reversible. Las soluciones verde y azul pálido de mercurio, presentan un precipitado, pardo, opaco, que tiene su límite.

Yo estudié los fenómenos superficiales en el mercurio metálico, bajo la acción de la luminiscencia ultra-violeta, y pronto vi, que la hidratación del mercurio ionizado, nos daba una precipitación de grumos parecidos al oro. Buscando la acción protectora a la luminiscencia ultra-violeta, fijé la atención en los fenómenos de radiactividad, determinados en la gran inestabilidad del átomo de mercurio.

El líquido verde de mercurio es ordinariamente cristaloide. Entendemos, que en las soluciones más concentradas, se encuentra el electrolito coloidal. Un exceso de concentración, más allá del punto de saturación, origina la separación de la forma verdaderamente cristalizable. La solución verde de mercurio dá precipitados grumosos, pardos, coloidales de oro.

En una parte de la región de estas soluciones mercuriosas, se encuentra localizada una transparente gelatinización, un electrolito coloidal. En las soluciones más concentradas, en que se junta mucho la sal, el líquido constituye los mencionados precipitados pardos.

Las propiedades gelatinosas de las soluciones de mercurio verdes, tienen marcada su existencia en la conductibilidad que restan ellas mismas. Desde el punto de vista cuantitativo, las indicadas soluciones, adquieren una gelatinización limpia, transparente y elástica. La actividad osmótica, puede ser medida por bajo de la presión de su vapor, y de la concentración de los iones medida en medio de electrodos de oro.

Entre una solución y una gelatina, su diferencia parece existir en la regidez mecánica y la elasticidad de esta última. Ni una ni otra, muestran estructura de ninguna clase, cuando se las examina en el ultra-microscopio. En el curso de la electrolisis, el movimiento relativo en constitución de soluciones, es independiente del que presenta una gelatina limpia y elástica, o también una solución fluida.

Las propiedades idénticas en soluciones y gelatina, prueban la existencia de los mismos equilibrios en unas y otras.

= 45 =

Las partículas coloidales que se encuentran en soluciones, derivan en iguales puntos de vista de las gelatinas por su naturaleza y cantidad.

El fenómeno de la conducción eléctrica no cambia nunca por ningún hecho repentineo; unicamente en su grado de naturaleza.

Las sujestionadoras teorias de Wo Ostwald y de M. H. Fischer, tienen hoy de nuevo gran novedad. La gelatinización, supone un derribo de fases en la estructura sólida, como si se tratara de la formación de un nido de abejas, o más bien con una estructura parecida que no presenta abertura alguna. Sencillamente, hay que deducir una teoria mixta de gelatinas. No podemos decir, cual será la estructura probable de todas ellas.

Los coloides de oro, nunca pueden ser comparados a emulsiones.

La unidad coloidal es una agregación de moléculas, y esta unidad coloidal subsiste conservando su estructura dentro de su mayor volumen.

La viscosidad en los líquidos verde y azul pálido de mercurio, no tiene nunca acción marcada sobre la conductibilidad eléctrica. La viscosidad puede variar. Una gelatina limpia y elástica, al solidificarse puede encontrarse sin estar afectada en la conductibilidad molecular.

Del estudio detenido arriba expuesto, se deducen varias consecuencias. Los líquidos verde y azul pálido de mercurio, tienen un completo contraste con las gelatinas. En el ultra-microscopio se puede apreciar la formación de un precipitado de oro, debido a que se separan de la solución verde y azul pálido, unas fibras microscópicas, o ultra-microscópicas, que presentan una muy grande longitud y formas comparadas con las que se observan en las hidrataciones del mercurio ionizado. Estas hidrataciones, sobre ser formas sólidas, estables, están constituidas por estas fibras de color verde y azul pálido. Las formas coloidales del mercurio ionizado e hidratado, aparecen constituyendo verdaderas laminillas de cristales, de forma fibrosa e inestable. Las fibras del precipitado azul pálido de mercurio, poseen un coeficiente de temperatura y solubilidad muy elevado; de suerte, que estas soluciones, generalmente formadas por un cierto número de fibras, constituyen una pequeña red con el precipitado y en esta red se encuentra la solución gelatinosa del oro más soluble. La formación de un precipitado de oro, a partir de una inferior solución, gradualmente se ajusta su conductibilidad a un valor correspondiente y particular a la solubilidad y temperatura. Igualmente se encuentra disminuida la actividad osmótica. Estos resultados han sido confirmados por el análisis, y por expresión de los líquidos de referencias obtenidos.

Existe una distinción marcada entre las soluciones gelatinosas de oro coloidal propiamente dichas y los precipitados de estas soluciones. Las primeras generalmente son confundidas. La "gelatinización" no es nunca un fenómeno de cristalización en el sentido que las partículas coloidales, se encuentran retiradas de la esfera de su libertad de acción. Podemos admitir de un modo general la distinción de gelatinas y coagulos.

Estableciendo las conclusiones en comparación unas con otras, solamente hemos podido apreciar en estas investigaciones, un

= 46 =

número pequeño de aspectos dentro de un estudio tan vasto en la materia de los coloides. Algunos de los detalles que damos a conocer, más bien parecen que son dilucidaciones exactas, que pueden proporcionar un gran rendimiento en la industria del oro, por transformación radiactiva del mercurio. Sobre una base científica, se produce esta transformación, y las derivaciones que tiene la misma, igualmente han de repercutir sobre una serie singular de hechos y teorías, que entendemos han de ser de unas consideraciones muy bellas.

Antes de dar fin a este trabajo, deseo exponer ciertas ideas relativas a los productos primarios y secundarios que se presentan en la electrolisis coloidal del átomo de mercurio.

En la electrolisis coloidal del átomo de mercurio, se originan productos secundarios, porque ciertos iones que intervienen en esta electrolisis al perder su carga, se transforman en materias poco estables en las condiciones del experimento. Cuando electrolizamos el coloide de mercurio, electrolizamos también una sal potásica, y como la electrolisis indicada se practica empleando soluciones concentradas, en el catodo no se obtiene potasio, sinó "hidrógeno", además del oro. Esto ocurre porque el potasio, separado como producto "primario", no puede existir en presencia del agua o de una disolución acuosa, pues rápidamente se transforma en potasa cáustica desprendiendo hidrógeno. Se supone que, efectivamente, se separa potasio; pero en el instante que pasa del estado de ión al estado metálico, reacciona con el agua, formando productos secundarios. En el catodo, igualmente se encuentra potasa cáustica, que fácilmente podremos reconocer.

Por las razones expuestas, aparece hidrógeno sometiendo a la electrolisis una disolución de potasa cáustica, o sea hidróxido potásico. No es de extrañar, que en la electrolisis coloidal del átomo de mercurio, se presente en el anodo el ión hidróxilo que pierde su carga. Dicho ión no puede existir libre, aunque conocemos la combinación de molécula doble H_2O_2 o peróxido de hidrógeno. Como esta materia es muy estable, tampoco se produce, o en todo caso se origina en cantidad inapreciable; se produce, en cambio la reacción $4\,NO \rightleftharpoons N_2O + O_2$; quedando oxígeno en libertad; gas que igualmente debemos considerar como un producto secundario de esta electrolisis coloidal.

Se cumple forzosamente la ley de Faraday, tanto si los productos de la electrolisis son primarios como si son secundarios. Están ligadas constantemente las cantidades de materias secundarias con las primarias por medio de ecuaciones químicas muy sencillas, y deben necesariamente producirse en cantidades proporcionales y químicamente equivalentes a las cantidades de los productos primarios.

La conducta y propiedades de las sales en las soluciones verdes y azul pálido de mercurio nos inducen a pensar, que las disoluciones de una mezcla de sales pueden estar saturadas para diferentes concentraciones de sus iones, bastando tan solo que, al aumentar la de uno de ellos, disminuya de una manera proporcional la del otro.

Antes de dar los fundamentos científicos de la electrolisis coloidal que se puede practicar en el átomo de mercurio, es muy conveniente divulgar el concepto de iones complejos. El electrolito coloidal de mercurio parece ser que tiene la constitución de iones complejos. La micelle iónica, es una agrupación molecular, y si en las soluciones verdes y azul pálido de mercurio se encuentra formada

Nº IV

la micelle iónica, esta partícula coloidal tiene la constitución de un ión complejo. La electrólisis del átomo de azogue constituido en partícula coloidal, puede compararse a la electrólisis que se practica con la sal de ciano-auratopotásico. Para producir este último compuesto químico, se forma a la vez potasa cáustica y peróxido de hidrógeno. En la segunda electrólisis a que podemos someter el líquido del electrolito coloidal de mercurio, aparece también potasa cáustica, y en lugar del peróxido de hidrógeno se presenta la reacción $4H_2O = 2H_2O + O_2$, antes indicada.

Debemos tener presente en estos casos, la regla que rige en la práctica de la electrólisis: "Un metal se deposita en la electrólisis de la disolución de una de sus sales de concentración c, cuando el potencial del cátodo es igual al que posee el metal en la disolución de dicha concentración". Esta regla únicamente rige cuando hay reversibilidad.

El líquido verde y azul pálido de mercurio, puede someterse a la práctica de dos electrólisis, es decir, a nuestra voluntad podremos obtener unos productos u otros, variando algo las condiciones de los experimentos. Si queremos obtener depósitos metálicos galvánicos de oro, empleando como cátodo el objeto que quiere recubrirse, la solución azul pálida de mercurio puede servirnos para que el oro se deposite, y como ánodo hay que utilizar un fragmento del mismo metal. Al pasar la corriente, este último se disuelve, reemplazando en el electrolito las cantidades de metal depositadas sobre el cátodo.

Podremos fijar bien la tensión de descomposición que rige para separar el potasio de la disolución azul pálido de mercurio. Si sometemos este líquido a la separación única del potasio, podremos observar, que este elemento aparece de nuevo disuelto en el coloide de mercurio. Si introducimos a continuación en agua pura el coloide de azogue que contiene potasio, se efectuará lentamente la transformación $2K + 2H_2O = KOH + H_2$; se desprende hidrógeno y el líquido obtenido presenta reacció básica.

El electrolito coloidal de mercurio no forma iones elementales con diferentes propiedades. Las diferencias que presenta el electrolito coloidal de azogue, y que principalmente han sido señaladas en esta Memoria, están íntimamente ligadas con la valencia variable de los elementos que lo constituye. Estos elementos que constituyen el electrolito coloidal de mercurio, son capaces de formar iones complejos o compuestos, dotados de propiedades especiales. El electrolito coloidal de azogue se ha originado de este modo, y a este nuevo grupo de materias he dedicado mi atención.

En realidad, cada anión puede formar con cada catión una sal particular. La mayoría de las sales, en sus disoluciones acuosas diluidas, están disociadas en sus iones. Esta ley es muy conocida y nos indica, que "las propiedades de tales disoluciones" son iguales, poco más o menos, a la suma de las propiedades de sus iones. De esta ley se deduce el hecho más fundamental que nos ha servido para demostrar, "QUE LA SOLUCION AZUL PALIDA DE MERCURIO NO POSEE YA NINGUNA PROPIEDAD DE LAS SALES MERCURIOSAS Y MERCURICAS". El hecho en cuestión ha sido comprobado de un modo general. Siempre y cuando posea una solución salina, las propiedades específicas de la sal correspondiente y no responda, por lo tanto, a la regla enumerada, podremos deducir con toda seguridad, que la sal en cuestión se halla muy poco disociada. La poca fre-

cuencia conque se encuentran excepciones nos obliga, por lo menos aceptar, la generalidad casi absoluta de la ley anterior.

La dependencia de los potenciales, de la concentración de los cuerpos que originan la fuerza electromotriz, viene determinada por la fórmula de Nernst, y lo que mas nos interesa ahora de esta fórmula, es como se halla representada la presión osmótica de los iones del metal correspondiente, o sea su tendencia a pasar a metal cediendo sus cargas positivas; presión osmótica que resulta proporcional a la concentración.

La escasa estabilidad de los oxisales de mercurio y la estabilidad pronunciada de sus combinaciones halogenadas, está caracterizada en las dos formas de sulfuro mercúrico, que son apenas solubles en los ácidos diluidos, y hasta el ácido nítrico carece de acción sobre ellos. Estas propiedades se utilizan en los análisis, para separar el mercurio de los metales restantes, cuyos sulfuros son insolubles en los ácidos diluidos, pero todos los demás del grupo son atacados por el ácido nítrico. Para nosotros tiene una gran importancia el estudio de todos estos fenómenos, y más singularmente, el determinado cuando el sulfuro mercúrico se disuelve en las disoluciones concentradas de sulfuros alcalinos; si el líquido se diluye, se precipita el sulfuro negro casi en su totalidad. Se ha reconocido, que el fenómeno depende de la formación de una thiosal, es decir, de un compuesto salino en que el azufre ocupa el puesto del oxígeno. Muchos químicos, se han visto obligados desde este punto de vista, a considerar el mercurio ocupando un lugar intermedio entre los metales del grupo cobre, y los del grupo siguiente, en los cuales, el fenómeno de referencia, constituye una propiedad común a todos ellos. A mi me ha parecido muy prudente señalar todas estas relaciones, y muchísimas más que indicaría, para demostrar a priori, la preexistencia de un isótopo de azufre en el mercurio.

El isótopo de azufre que preexiste en el mercurio, tiene propiedades muy notables. "Cuando se tratan las disoluciones de sales mercúricas con una corriente de hidrógeno sulfurado, empieza por producirse un precipitado blanco que adquiere color amarillo, rojo y finalmente negro, bajo la acción prolongada del hidrógeno sulfurado". Estos precipitados, son debidos al isótopo de azufre, determinados por combinaciones isotópicas y ordinarias de sulfuro de mercurio con la sal mercúrica empleada; las cuales pueden contener cantidades variables de tales componentes, y se descomponen y transforman en sulfuro mercúrico puro, bajo la acción continuada del hidrógeno sulfurado. El isótopo de azufre persiste siempre, formando con un átomo de oro, el mercurio. El fenómeno anterior es muy característico, y se utiliza, para el descubrimiento inmediato del mercurio, en los precipitados producidos por el hidrógeno sulfurado.

El átomo de oro contiene siempre un isótopo de azufre, y aparece en la Naturaleza con esta combinación formando el M E R-C U R I O. Si se pudiera haber producido una combinación de azufre con el mercurio que corresponda al O X I D O   M E R C U R I O-S O, seguramente hubieramos obtenido las combinaciones del oro con el azufre, por pérdida del I S O T O P O   D E   A Z U F R E a consecuencia de la G R A N   I N E S T A B I L I D A D   D E L A T O M O.

= Nº 10 =

El 14 de Enero 1926, firmé un contrato privado con el financiero Don Horacio Echevarrieta. En este contrato constituimos una comunidad, por término de diez años, prorrogable de diez en diez años, para la experimentación de mi descubrimiento y su explotación En un local de la Fábrica de cemento "Portland Iberia", situada en Castillejo (Toledo), y de la que es accionista el Sr Echevarrieta, monté una instalación de mi propiedad. En presencia del Sr Echevarrieta procedí a hacer algunos experimentos. Demostré una precipitación de oro en la fuerte ionización del mercurio metálico, y en el momento que es absorbida la sosa caústica en su acción delicuescente. El precipitado de oro se transforma despues en hidróxido, y desaparece con el tiempo por su gran inestabilidad; pero yo he logrado también "fijarlo" en este experimento.

En una segunda prueba, hice ver al Sr Echevarrieta, la "fijación" del liquido verde y azul pálido de mercurio, correspondiente al hidróxido de oro, y por un procedimiento muy distinto: precipitando el oxido mercurioso al mismo tiempo que se forma una abundante cantidad de determinadas sales potásicas. Dias antes, yo obtuve en un cristalizador, grandes cantidades del liquido verde de mercurio, que convertido en azul pálido, por la adición del ácido nitrico diluido, me fué fácil en mi aparato oscilador, recoger unas peliculas rojo-violadas en cantidad importante, para evidenciar la naturaleza del oro beneficiado en esta transformación del mercurio. El Sr Echevarrieta me propuso continuara mi labor, hasta fabricar una cantidad aproximada de cinco kilos del metal amarillo. Esta determinación del Sr Echevarrieta estaba justificada, ante mi negativa de continuar el trabajo, sin tener previamente garantizados los derechos de propiedad industrial.

El Sr Echevarrieta no ha podido ver la completa operación en la formación del electrolito coloidal, tal y como lo describo en la presente Memoria, y no ha podido ver tampoco, como se practica la electrolisis coloidal de mercurio, depositando en el catodo oro metálico. Yo no podia hacer más pruebas, permaneciendo inéditas las Memorias, sin tener justificante legal, que acreditara la propiedad del trabajo experimental que estaba realizando. En distintas ocasiones hice notar mi falsa situación en el contrato firmado con este reputado financiero español; y sin embargo, quiero en el presente escrito manifestar mi reconocido agradecimiento al Sr Echevarrieta.

En las Memorias Notariales del 24 Marzo 1926, y la correspondiente al 29 del mismo mes y año, yo señalo las orientaciones del nuevo Proceso para transformar el mercurio en oro. En el trabajo de ahora, doy todos los detalles técnicos de fabricación, completando la obra en sus grandes pormenores, para que de lleno pueda ser comprendido en el articulo 18 de la vigente legislación de la Propiedad Industrial. Los plagios que en el extrangero hicieron a mis anteriores Patentes, me hacen pensar, que esta Completa Especificación, en su dia, podrá servir para que todo el mundo fabrique oro. Por esta razón, he creido pertinente hacer la solicitud de Patente, dentro del citado articulo 18 de la ley de Propiedad Industrial, con el fin que la idea quede en secreto. En la organización por el Estado de esta nueva Industria, se tendrá en cuenta mis relaciones con el Sr Echevarrieta, y el proposito de éste de emprender la explotación de acuerdo con el Gobierno.

(50).

N O T A.

Las reivindicaciones de ésta invención, son las siguientes:

1ª.= Un método de sucesivas hidro-deshidrataciones del óxido mercurioso ionizado para convertir éste óxido en hidróxido de oro el auratos.

2ª.= Una sensible reacción de hidróxido de oro, practicada en la molécula metálica de mercurio, ó en su óxido mercurioso.

3ª.= Demostracción experimental de la formación del hidróxido de oro por variaciones de la energía libre que contiene el óxido mercurioso.

4ª.= Demostracción experimental de la formación del oro en la disociación electrolítica de las formas mas inestables que aparecen preferentemente en cualquier reacción química del óxido mercurioso.

5ª.= Demostracción experimental de que la reacción del hidróxido de oro, aparece antes de formarse el óxido de mercurio.

6ª.= Ultimo experimento, demostrando que el átomo de mercurio al convertirse en un electrólito idoidal, por electrólisis.

7ª.= Resumiendo: Se reivindica de exclusiva invención del que suscribe, y como objeto sobre el que ha de recaer la patente que se solicita por veinte años en España, por "UN PROCEDIMIENTO DE EXPERIMENTOS FISICOS ORIENTADOS A DETERMINAR POR LA VIA QUIMICA, QUE SE OBTIENE EL ORO QUE SE ENCUENTRA FORMANDO LA MOLECULA METALICA DE MERCURIO" Clase 16,.

Todo conforme a la nueva Ley de Propiedad Industrial, y como queda descrito en la presente memoria, que consta de cincuenta hojas, mecanografiadas por una sola cara.

Madrid, 10 de Febrero de 1931.

POR AUTORIZACION DEL INTERESADO.

Modesto Pol
p.p/

Patente de Invención 99699
27/09/1926

Un procedimiento para convertir en coágulos gelatinosos de oro el óxido mercurioso que precipita al tiempo que se forma una abundante cantidad de nitro

Incluye las prácticas de operaciones para la fabricación industrial de oro por transformación radiactiva del mercurio siguiendo el procedimiento "Germán Botella"

PATENTE DE INVENCION

por veinte años en España

a favor de

Don Germán BOTELLA Pérez, de nacionalidad española

residente en <u>Alicante</u>.

por:

»Un procedimiento para convertír en coágulos gelatinosos de oro, el óxido mercurioso que precipita al mismo tiempo que se forma una abundante cantidad de nitro», Clase 16.

MEMORIA DESCRIPTIVA.

En los últimos trabajos que he realizado en la alta tensión, para beneficiar pequeñas cantidades de oro, por transformación radiactiva del mercurio, he llegado a esclarecer por completo el problema de ésta transformación. Las corrientes de alta tensión han sido sustituidas por el empleo de acumuladores.

La transformación radiactiva del mercurio en oro, es un problema comprendido dentro de la Química-física, ó general. La solución total de éste problema, se halla en las aplicaciones Electro-químicas. La diversidad de ejercicios que se practican para beneficiar el oro en la transformación del azogue, nos ha permitido aprender en un tiempo dado, la concepción energética en el proceso químico que tiene la mencionada transformación del mercurio. Discurriendo acerca de los indicados ejercicios, seleccionados por una labor práctica intensísima, se adquiere cierta habilidad de preparación y ejecución, en el proceso electro-lítico, que he inventado, para producir la "total" emisión de la radiactividad que "preexiste" en el átomo de mercurio.

Intervienen en éste problema de convertír el mercurio en oro, los principios mas fundamentales de la nueva Química-física. Las modernas ideas de la Química-física, tienen su mejor desarrollo, aplicando las prácticas electro-químicas a la solución de éste problema de Alquimia. El "Tratado de Oettel, acerca de la práctica de ensayos electro-químicos", resulta excelente para especializarse en un tema electro-químico como el que doy a conocer. Sin embargo, el "Tratado ó manual de medidas químico-físicas de W. Ostwald", y sobre todo "La Química inorgánica Fundamental y Descriptiva", de éste mismo autor, me han sido muy útiles para verificar una serie de ensayos, revelados en recientes Memorias. El Tratado de Oswald, fué publicado en colaboración con Luther.

La difícil tarea de seleccionar los ejercicios en ésta Industria del oro, ofrece una máxima variedad en los métodos y aplicaciones apropiadas, dentro de los principios y reglas que expongo en la presente Memoria. Me fueron muy provechosas las experiencias que verifiqué en Londres, y las últimas practica-

Nº 2

das en Alicante. Estos trabajos experimentales fueron plagiados, y hasta cierto punto han resultado convenientes los plagios, porque sirvieron para dar mayor credulidad al hecho por mí demostrado en un principio.

Soy el primero que aplica la Electro-química en la transformación radiactiva del mercurio en oro. De igual modo que Elbs aplicó la Electro-química a problemas de Química orgánica, reunidos estos trabajos en su obra "UEBUNGSBEISPILE FUR DIE ELECTROLYTISCHE DARSTELLUNG CHEM PRAEPARATE"

Las prácticas en los procesos electrolíticos que a continuación voy a exponer, han sido modificadas y mejoradas a medidas las experiencias en mis progresos científicos lo han requerido. Como es natural, no he dejado de apreciar la importancia de las ideas y métodos de la Química-física, utilizados en Electro-química. Aquellas ideas con sus aplicaciones, nos han hecho emprender caminos nuevos en la investigación, hasta seleccionar un tema electro-químico, que sin disputa es el de mayor trascendencia planteado en este siglo. Alrededor de este tema, doy a conocer un gran número de ideas personales, que siendo de gran novedad, bastarán para despertar la afición en los trabajos electro-químicos. En la ejecución de los ejercicios, daré ciertas instrucciones, que considero muy pertinente, sin apartarme del plano-dibujo que acompaña a esta Memoria.

Al examinar el plano-dibujo que presento, se apreciará, que en el mismo Procedimiento de fabricación industrial del oro, se pueden idear numerosos aparatos con idénticas aplicaciones prácticas. Estas circunstancias de realizar análogas prácticas en distintos aparatos, servirán para que muchos se consideren ya inventores en el mismo asunto, y en mí nace el deseo, de recoger y publicar en un Manual Práctico de Electro-química, todas las experiencias realizadas en la transformación radiactiva del mercurio. En este Manual, estarán reunidos los trabajos practicados en el transcurso de más de ocho años, y al indicar la especialidad del tema, informaré detalladamente de los métodos por mí desarrollados.

Mientras redactaba esta Memoria, no ha sido posible que otros hicieran el "controle", en las prácticas electro-químicas aplicadas a la transformación radiactiva del mercurio. Debido a las numerosas ocupaciones que contraí al actuar en una esfera más amplia, no pude dar los últimos detalles, cuando presenté mis Memorias el 19 de Mayo 1926 en el Gobierno civil de Alicante. Estas Memorias han de ser juzgadas en el transcurso de un tiempo dado, y yo me ofrecí para aclarar las dudas que pudieran haber surgido en el estudio del expediente.

En esta Nueva Industria del oro, se formarán muchas generaciones de futuros químicos. El interés y el gusto en los trabajos electro-químicos, ha de contribuir para que en lo sucesivo la afición sea más grande en el estudio de las ideas y métodos de la Química-física con sus aplicaciones en los procesos electro-químicos. España ha de salir ganando en todos estos estudios.

Nº 3

Si llegara a publicar en su día "El Manual práctico de Electro-química", en lo que se refiere a la transformación radiactiva del mercurio, esta publicación sería ya un resumen completo de todas las experiencias realizadas en los varios años, e iría dedicada principalmente para aquellos Practicantes que adquirieron previamente los conocimientos de las leyes y conceptos fundamentales de Electro-química. Presupone en el autor de esta Memoria una labor improba divulgando las ideas más corrientes de Química-física (o general), a fin de ir instruyendo el personal que ha de trabajar en la Nueva Industria del oro. Los conocimientos más exactos de Química orgánica e inorgánica, han de influir en la especialidad de estos estudios de provocada transformación radiactiva de un determinado elemento. Los aficionados en estas labores, contribuirán a un mayor progreso en la Física experimental, enseñando por medios de ejercicios prácticos de laboratorio, la marcha de una investigación en la aplicación de los conocimientos teóricos. El tema que yo he elegido, es una prueba más que suficiente en el dominio de la Electroquímica experimental.

No constituye la Nueva Industria del oro, una colección más o menos completa de ejercicios destinados a alcanzar una buena preparación teórica. En la Nueva Industria del oro, se encuentran seleccionados razonadamente, todo lo expuesto en mis anteriores escritos, y de tal modo se halla esta selección, que cada ejercicio nos dá a conocer un fenómeno nuevo. El proceso de la provocada transformación radiactiva del mercurio, aparece dispuesto en esta Memoria en la forma más sencilla, y bastará una simple mirada del plano-dibujo que presento, para que el Practicante se dé exacta cuenta de todos los detalles de fabricación.

No me parece prudente indicar el tiempo que se invierte en las prácticas electro-químicas de la Industria del oro. Este tiempo varía bastante, y depende de la habilidad de los operadores. Habrán químicos que se interesarán de un modo especial, en aquellos ejercicios que radican los fundamentos y leyes del descubrimiento en cuestión, y dedicarán a estos ejercicios más horas de las presupuestadas. La facilidad en la comprensión y la habilidad manual, son los factores más importantes en el progreso de toda Industria.

Para que resulte lo mejor posible la tarea experimental, he dispuesto en el plano-dibujo, que en cada ejercicio vaya una ligera explicación. Si en algunos de esos ejercicios, se llevaran a cabo las "medidas prácticas" ordinarias, el trabajo sería algo laborioso, y exigiría bastantes horas. Siempre que los ensayos industriales se realicen con toda perfección, obteniendo buenos resultados, nos librarán tener que hacer las indicadas "medidas prácticas"

Pedagógicamente, la transformación radiactiva del mercurio en oro, ofrece la ventaja de permitir ejecutar otros diferentes ensayos dentro de un grupo de elementos. Se podrán enlazar unos ejercicios con otros, para dar resultados distintos en la variedad de los elementos. Sin embargo, he de hacer hincapié en el "líquido electrolítico radiactivo", obtenido como

Nº 4

consecuencia de la conversión del mercurio en oro.

Además de la habilidad manual que se les exige a los Practicantes de la Industria del oro, recomendamos a los buenos operadores, no dejen de consultar el "Manual Práctico de Electro-química" del Dr. Enrich Muller, y también aquellos capitulos más importantes del libro de Foerster, "ELEKTROCHEMIE WASSRIGER LOSUNGEN". En estos libros encontrará el buen Practicante conocimientos detallados para aplicarlos en la obra que ahora se les encomienda. Antes y después de terminar un ejercicio en la fabricación del oro, el Practicante deberá reflexionar del fenómeno que se le presenta, facilitando el trabajo mental en la consulta de las mencionadas obras de texto.

En la Sección de Industrias Nuevas e Invenciones, dependiente del Ministerio de Trabajo, Industria y Comercio, tengo presentado un extenso trabajo, aclarando las diferentes partes que consta la Nueva Fabricación Industrial del oro. Dedico especialmente gran atención, a los fenómenos que se presentan en cada una de las manipulaciones de la fabricación. Quien lea el indicado trabajo, podrá observar, que en su redacción he prescindido de la consulta de especiales Tratados de Electro-química, para dar mayor facilidad en las prácticas de los ensays. El curioso lector, se dará cuenta, de los fenómenos por mí apreciados, sin dirección alguna inmediata. En este aspecto, la presente Memoria ha de ser útil, para aquellos que no habiendo cursado carrera universitaria alguna, sientan vocación por los estudios de electro-química.

El químico iniciado en estos trabajos, aplicará sus conocimientos electro-químicos, planteando nuevos problemas en el progreso de dicha ciencia, y perfeccionando los métodos empleados en la mencionada Industria.

El material en esta Industria del oro, es de lo más sencillo que se conoce. Doy indicaciones prácticas para construir por si mismo bastantes accesorios. Las dimenciones de los cristalizadores, cubas electrolítica, electrodos, etc., no se mencionan, porque dependen de la importancia que se le quiera dar a la fabricación. Cada ensayo industrial, nos dará un resultado, conforme a nuestra experiencia del momento. He llegado a calcular la cantidad de mercurio que se podía tratar, de acuerdo con el plano-dibujo que acompaña a esta Memoria, y con esto no quiero decir, que sea absolutamente indispensable atenerse a nuestras indicaciones. No obstante, es preferible no apartarse mucho de lo que la experiencia nos ha aconsejado. Siempre que esta experiencia sea personal, el operador no ha de ver otra cosa que lo impuesto por su trabajo experimental.

Los varios fenómenos que intervienen en la transformación radiactiva del mercurio, la variación brusca de esta transformación en un tiempo determinado, son factores importantísimos que ha de tener en cuenta el operador, para adquirir la evidencia de la formación de los iones de oro. Los iones de oro, por conversión del mercurio, no están formados por la corriente eléctrica. Estos fenómenos solo pueden seguirse convenientemente en un momento dado. Depende de que los factores que actúan en esta transformación,

Nº 5

se hallen en una relación conocida de intensidad de corriente y volúmen de electrolito.

En los ensayos de fabricación industrial del oro, el operador ha de distribuir y ordenar los materiales, de modo que pueda aprender en las primeras manipulaciones, las leyes fundamentales del descubrimiento, iniciandose luego en las aplicaciones. Es recomendable seguir el orden indicado en el plano-dibujo, para que los conocimientos técnicos que el operador vaya adquiriendo, le sirvan después para comparar mejor otros procesos electro-quimicos prácticos de parecida aplicación. En cada uno de los ejercicios en que se divide la fabricación del oro, resulta indispensable seguir el orden determinado.

En ciertos ensayos electro-quimicos que practiqué en aparatos de mi invención, di algunas instrucciones a los fabricantes que me construyeron los aparatos, y que considero ahora, serán muy convenientes repetir, para que puedan servir de norma en las presentes circunstancias.

El lugar más adecuado para los ensayos industriales de fabricación del oro, es un Laboratorio práctico de Electro-quimica, y los aparatos han de ser montados, de acuerdo con las instrucciones del plano-dibujo. La construcción de estos aparatos y su colocación, ha de ser dirigida por la persona que tenga que operar, y no dejar estos trabajos a la consideración de los simples Ayudantes.

A pesar del compromiso que Don Horacio Echevarrieta contrajo conmigo para realizar las pruebas industriales, no he tenido la ayuda material de este financiero, y lamento mucho el proceder del referido hombre de negocios, pues me priva el tenerle hoy como colaborador en la obra a emprender con el Estado. Muy reconocido quedo al Dr. Rico, por haber atendido mis primeros ensayos, no siendo hombre de grandes medios pecuniarios.

Convenientemente he dispuesto los ocho ejercicios comprendidos en el Procedimiento de transformación radiactiva del mercurio en oro. En esta disposición de los ejercicios, he querido hacer resaltar, la "Especial Volumetria por Conductibilidad Eléctrica", que practico como final de las operaciones de "emisión de radiactividad". Ciertas ideas expuestas en las Volumetrias por Conductibilidad, sirvieron para fijar mejor el concepto de "emisión de radiactividad en la inestabilidad del átomo de mercurio". No tenia interés de publicar estos últimos trabajos, hasta haber obtenido grandes cantidades de oro, pero las intencionadas maniobras de algunos científicos y financieros, me han obligado a adelantar la publicación de los referidos trabajos. No cabe duda, que las ideas más atrevidas en cuestiones científicas, no son aceptadas universalmente, hasta que la codicia se manifiesta con todo su impetu. El sabio necesita de esos paseos solitarios para dar los últimos retoques a su descubrimiento, y la sociedad devora el hecho demostrado tan pronto como ha llegado a su alcance.

En los estudios de "Especial Volumetria por Conductibilidad Eléctrica", se han expuesto ideas tan precisas y claras, que yo pude ver enseguida el concepto de "total" emisión de radiacti-

Nº 6

vidad en la inestabilidad del átomo de azogue. De preferencia dedico mi atención en este estudio, completando la obra de algunos otros investigadores.

Difícil será que lleguen muchos a comprender la teoría de mi descubrimiento, por cuánto las volumetrías por conductibilidad son aplicaciones de electro-química poco conocidas aún, y por lo mismo poco practicadas. En los ejercicios que enumero para convertir el azogue en oro, señalo las modificaciones que se podían introducir en una porción de utensilios, después de comprobada su ventaja. En estas modificaciones en los utensilios, siempre nacerá una idea nueva, que sirva para esclarecer más todavía la teoría del descubrimiento.

Al pié de esta Memoria consigno las adiciones y modificaciones que no pudieron incluirse en los escritos anteriormente presentados. Sin haber modificado mucho mis ideas, indico en cada una de estas Memorias, los distintos periodos de la investigación científica. Para los efectos prácticos, la nueva instalación del Laboratorio Electro-químico, resulta mucho más beneficiosa que las anteriores, y su precio también más barato. Además no se requiere tanto personal como en las primitivas instalaciones.

De poder ordenar definitivamente todo mi trabajo, y cuando el asunto ya lo requiera, se hará la edición consiguiente, publicando un libro de texto para traducciones en varios idiomas. El descubrimiento de este modo podrá ser divulgado, y podré evadirme de las preguntas numerosas que son dirigidas en todo invento de resultados positivos. No dejaré de indicar también los proveedores de los aparatos que he utilizado en los ensayos industriales, pero sin mostrar preferencias por unos u otros. Me limitaré a incluir los anuncios respectivos, que sirvan de información a los que lo deseen, en el momento se pueda hacer público el descubrimiento.

Después de formado el expediente de mi Patente número 98.133, han surgido algunas dudas con respecto al orden de ejecución de los experimentos. La presente Memoria no representa más, que una reproducción de lo que anteriormente he dado a conocer. He introducido pequeñas modificaciones en el plan de trabajo, y añado una Nota aclaratoria sobre la "Especial Volumetría por Conductibilidad" aplicada en el líquido verde de mercurio. En esta Memoria no incluyo tan solo los experimentos descritos en los trabajos precedentes, sino además los grabados de los aparatos que me he servido.

Los electrodos de platino los he sustituido por otros más baratos.

El trabajo experimental de ahora me ha ocasionado bastantes disgustos, y estas contrariedades de índole diversas han contribuido al retraso considerable en la aparición de esta Obra. Confío, que a pesar de todo, resultará de gran oportunidad y facilitará mucho el progreso de la Química en los países de habla española Tal vez por ser muy instructiva esta labor personal que presento, sirva como acicate, para implantar en España, antes que en ningún otro país la Nueva Industria del Oro. La enseñanza adquerida en va

Nº 7

varios años, y compartida con hombres de reconocido valor científico, me hace pensar en un mañana no lejano donde todos ponemos nuestras esperanzas

"ACLARACIONES Y ADVERTENCIAS DEL DESCUBRIMIENTO"

"La emisión de radiactividad en la inestabilidad del átomo de mercurio"

Consiste la transformación radiactiva del mercurio, en producir espontáneamente, de una manera brusca, las formas más inestables que preferentemente aparecen en una determinada reacción química de un compuesto mercurioso. Cuando aparecen estas formas inestables del mercurio, en condiciones precisas que determinaré, "HAY UNA GRAN EMISION DE RADIACTIVIDAD", o lo que es lo mismo:

Las formas más inestables en una determinada reacción química de un compuesto mercurioso, "PRODUCEN UNA GRAN EMISION DE ENERGIA LIBRE, O RADIACTIVIDAD". El mercurio pierde de peso atómico, cuando se combina con el ión OH. De aquí se deduce:

1º "El hidróxido que aparece antes de formarse el oxido mercurioso, u oxido de mercurio, no desaparece por su gran inestabilidad. Su desaparición es debida a la falta de una gran emisión de radiactividad, o energía libre. En esas condiciones en que aparece el hidróxido, pasa a un sistema más estable, que es el constituido por el óxido".

2º "MEZCLANDO EL OXIDO MERCUROSO CON LOS CRISTALES DE SALES POTASICAS QUE SE HAN FORMADO AL MISMO TIEMPO QUE PRECIPITÓ EL OXIDO, SE CONSIGUE UNA GRAN EMISION DE RADIACTIVIDAD, UN VEHICULO NEGATIVO, QUE REEMPLAZA A UNO DE LOS IONES DE LA SAL, CUANDO LA REFERIDA MEZCLA DEL OXIDO Y LA SAL EN UNA GRAN CONCENTRACION, ES DEPOSITADA EN UNA GAMUZA, Y SOMETIDA DESPUES A UNA PRESION DETERMINADA PARA ROMPER LOS CRISTALES SOBRE EL OXIDO". Como resultado de estas operaciones, se obtiene un "COLOIDE DE ORO". Una substancia gelatinosa adherida a la gamuza.

Al convertir el mercurio en coloide, se ha producido una gran emisión de radiactividad, y el hidróxido ha quedado constituido de un modo permanente. Este hidróxido, por pérdida de una cantidad de materia o energía, ha quedado transformado radiactivamente en $Au(OH)_3$, y esta transformación se ha producido, en virtud de la ley de la aparición preferente de las formas más inestables. En la gran inestabilidad del átomo de azogue, se ha conseguido formar la "micella iónica", el "vehículo negativo", que no tiene acción osmótica alguna, y es por lo tanto coloidal. Una partícula coloidal, que reemplaza a uno de los iones de la sal formada. Esta es la causa de la emisión de radiactividad; de la revelación "latente" del oro. El hidróxido de oro se ha formado de un modo "permanente", por

Nº 8

haber quedado constituido en "coloide"

Mi procedimiento puede describirse del siguiente modo:
"En el mercurio preexisten una cantidad de átomos disgregados, que únicamente manifiestan toda su intensidad, cuando queda formada la "micella iónica", convirtiendo el azogue en coloide. El átomo de mercurio puede quedar convertido en estado coloidal, mejor que ningún otro elemento, porque en el referido átomo preexiste una cantidad de energía libre, en condiciones que no aparece en cualquier otro elemento.

Para transformar el mercurio en estado coloidal, se ha de formar la "micella iónica", utilizando las sales potásicas de la misma disolución que precipitó el óxido mercurioso. En este descubrimiento, queda confirmado experimentalmente, y de un modo sublime, la teoría de los coloides. En el mercurio la "emisión" de radiactividad, es una consecuencia del estado coloidal que adquiere el indicado elemento en una composición química determinada. La radiactividad en el mercurio se descubre por este nuevo procedimiento, prescindiendo de aquellos otros clásicos y ordinarios, tales como la impresión de placas fotográficas a través de cuerpos opacos, las descargas eléctricas, etc." Sucintamente voy a describir las disoluciones coloidales que el mercurio forma, pasando luego a constituir "COAGULOS GELATINOSOS DE ORO".

"Un proceso electrolítico para emitir la totalidad de la radiactividad que preexiste en el átomo de mercurio."

Por un procedimiento puramente químico, he conseguido "provocar" la emisión de una cantidad de radiactividad de la que preexiste en el átomo de mercurio. Como resultado de esta emisión se ha formado un compuesto químico en estado coloidal, que diluido convenientemente en gran cantidad de agua, presenta todos los caracteres de una revelación "latente" de oro. Estas disoluciones o seudo-disoluciones coloidales, nos han servido para estudiar mejor el concepto energético y electrolítico de transformación del azogue. Por vía química se logra una transformación radiactiva del mercurio, que no llega a ser total, hasta que el proceso no sufre una "variación brusca electrolítica". El primer compuesto químico, al ser diluido en el agua, conduce la electricidad en variaciones bruscas, a consecuencia de las prácticas de volumetría que realizamos. De esta manera se fija una conductibilidad media, y el fenómeno es idéntico a la ionización que conseguí producir en el mercurio metálico y en el óxido mercurioso en aparatos de mi invención. La teoría es la siguiente:

"En el líquido verde de mercurio, aparecen en unión del ión OH, los iones $NO_3 + K + H_2 + O$. Las sales potásicas contienen junto con los iones Hg, que quedan inalterados en la reacción, iones hidróxilos que tienen una velocidad considerable. Al afia-

Nº 9

dir cantidades crecientes de ácido nítrico diluido, los iones OH' son neutralizados por los hidrogen-iones, pero como de un modo particular desaparece el valor determinado por la ley de la neutralidad térmica, que en rigor no se aplica más que a las sales totalmente disociables en sus iones, apreciamos por esta causa una cantidad más o menos considerable de calor, cuando se ponen en presencia del ión H_g, los otros capaces de combinarse con aquel. La reacción se produce en la "conductibilidad" de la solución verde A, que sufre "una variación brusca", al añadir la otra solución B de NO_3H. En esta "variación brusca" aparecen las formas más inestables del ión H_g, y aparecen en el momento que los iones OH' tienen una velocidad considerable, y son transportados por la corriente. En el instante que aparecen las formas más inestables del ión H_g, queda combinado con el ión OH' por la gran velocidad que tiene, "y pierda por completo el ión H_g, la total energía libre que contiene, o sea, la radiactividad." El compuesto químico $A_u(OH)_3$, no es transportado por la corriente, porque es ya un compuesto poco disociado. Este es el residuo que se constituye, en unión de otro compuesto químico A_uO_2K, "FORMANDO UNOS COAGULOS GELATINOSOS". Tan pronto como la relación de A:B llega a exceder de un valor determinado, se producen los "COAGULOS GELATINOSOS DE ORO".

En realidad no se trata de una volumetría por conductibilidad. Ya no utilizo como indicador para formar los "coagulos gelatinosos de oro", la determinación de la conductibilidad electrolítica. La conductibilidad electrolítica del ión OH', sufre una "variación brusca", en el preciso instante en que el referido ión es transportado por la corriente. Este es el fenómeno que dá lugar a la "total" emisión de la radiactividad en la inestabilidad del átomo de mercurio.

La solución diluida de mercurio, que contiene el electrolito de los iones A'B', a más de otros iones, reaccionan con la solución diluida de otro electrolito igualmente disociado, y que contienen los iones C' y D', dando un producto AD, según la ecuación

$$A' + B' + C' + D' = A D + B' + C'$$

en la que A D es un cuerpo muy poco soluble y escasamente disociado, porque se ha combinado con el ión H_g.

Admitiendo que el volumen del líquido varía poco por la adición del reactivo, resultará que la suma de los iones positivos y negativos, y por consecuencia la conductibilidad, no variarán, en tanto que el reactivo no esté en exceso. "Cosa que no ha de ocurrir nunca". Si ocurriera esto último, como los iones que se van añadiendo no reaccionan ya, quedan inalterados y vá aumentando la concentración, y por lo mismo la conductibilidad del líquido debe aumentar.

Cuando se forman los coagulos gelatinosos de oro, la conductibilidad debe ir disminuyendo. Una vez que ha reaccionado toda la potasa y el ión H_g con el ácido, es decir, cuando las cantidades de ambos son equivalentes, la adición de una nueva cantidad de ácido, permite que queden en el líquido iones hidrógenos libres, de velocidad grande, dando lugar a un rápido au-

Nº 10

mento de la conductibilidad. Este es el límite. La neutralización vendrá "indicada exactamente", por un mínimun en la conductibilidad, que es precisamente el punto donde se halla la "total" formación de los "coagulos gelatinosos de oro".

El fenómeno que he descrito resulta muy notable. Al formarse los compuestos químicos $A_u(OH)_3$ y $A_u O_2 K$, "quedan en solución coloidal, y coagulan en el mismo instante en que se añade la primera gota del reactivo en exceso. Ahora bien, como en el líquido verde existen electrolitos parásitos, el fenómeno de la coagulación no tiene lugar de un modo tan rápido, que sirva de indicador del final de la operación. Este final lo apreciamos, por el cambio del "color verde" en "azul pálido".

Los compuestos de oro se forman de un modo permanente, a consecuencia del "producto de ionización del agua", en virtud de la ley de la influencia de las masas.

No creo pertinente indicar en la presente Memoria, lo que entendemos por "producto de ionización del agua". A quienes van dirigidos estos trabajos, se supone un cabal conocimiento de todas estas cuestiones.

"Los compuestos químicos" $A_u(OH)_3$ y $A_u O_2 K$, obtenidos por transformación radiactiva del mercurio, quedan "fijados" de un modo permanente, como consecuencia del "producto de ionización" del agua, determinado este producto por la disociación del H_2O y de la KOH.

PRACTICAS DE LAS OPERACIONES DEL PROCEDIMIENTO

GERMAN BOTELLA
xxxxxxxxx

EJERCICIO I
_____

Se disuelve el nitrato mercurioso en una solución concentrada de potasa cáustica. El H_2O obtenido de este modo, se disuelve a su vez en ácido nítrico puro, y después se trata con la potasa hasta obtener un precipitado completo. Se deja esta substancia en reposo en el mismo cristalizador durante tres horas.

Los cristales arriba formados retienen mecánicamente pequeñas porciones de las aguas madres, es decir, de la disolución donde se han formado, porque al crecer dejaron huecos que después se recubrieron y se cerraron. El líquido encerrado en estas cavidades no se elimina, aún después de seco el producto. Las inclusiones líquidas contienen en las aguas madres todas las impurezas de las mismas.

EJERCICIO II
_____

Nº II

En un trozo de gamuza, se deposita la mezcla de las sales y óxido mercurioso, en su máxima concentración, teniendo cuidado previamente de haber humedecido un gran rato en el agua la gamuza. Se forma con la indicada mezcla y la piel una almohadilla, que sirva para colocarla en la "prensa" del siguiente ejercicio.

EJERCICIO III

PRENSADORA, construida en condiciones de no ser atacada por los álcalis. El pié de esta prensadora vá forrado interiormente de hierro esmaltado, y tiene un vertedero para dar salida al líquido resultante de la presión. Se exprime la almohadilla, hasta que la gamuza quede totalmente seca.

EJERCICIO IV

Del bloque semi-sólido formado de la mezcla de sales y óxido, obtenido en el ejercicio anterior, se deja únicamente toda la substancia gelatinosa que ha quedado adherida a la gamuza. Los demás trozos de la mezcla, se depositan en un cristalizador, para repetir las operaciones de la prensa en nuevas gamuzas, hasta convertir todas las sales y el óxido en la substancia gelatinosa.

"LAVADORA MECANICA". Es un aparato que se emplea para ahorrar la mano de obra, en el lavado de las gamuzas impregnadas con la substancia gelatinosa. Pueden ser de varios sistemas, consistiendo el más usual que yo presento, en una especie de depósito, que no puede ser atacado por los álcalis donde se colocan las gamuzas. Estas se someten a la acción de un tambor acanalado movido por polea. El "agua alcalinizada", que sustituye al agua jabonosa, llega al depósito por un tubo y la temperatura se mantiene constante, merced a una caldera de circulación.

Este procedimiento mecánico, tiene la ventaja, a más de ahorrar la mano de obra, la de evitar los "grandes peligros" que corre el operador, al entregarse con fuerza a frotar la gamuza sobre un cuerpo dado. De utilizar un "lavadero a mano" en una tina grande, el operador no tardaría mucho tiempo en adquerir la radiactividad inducida, la enfermedad de los "modorros", que tantos estragos causa en las minas de azogue. El peligro es mucho mayor, por cuánto en la práctica de los ejercicios descritos, se ha conseguido ya una gran emisión de la radiactividad que aparece en el mercurio. Como resultado de estas manipulaciones, se obtiene "un líquido verde"

EJERCICIO V.

ADVERTENCIA PRELIMINAR: Este líquido verde, corresponde a la de un cuerpo que no cristaliza, o que cristaliza con gran dificultad, y que estando en disolución se difunde con extraordinaria lentitud. La indicada materia disuelta presenta propiedades de "coloide", y especialmente está formada por un hidróxido. En

Nº 12

la Especial Volumetría por Conductibilidad Eléctrica que yo realizo en este Ejercicio, se producen los electrolitos en "Variaciobruscas", y por ellos "los coloides disueltos se precipitan en forma de masas de aspecto gelatinosas".

El líquido verde no es una verdadera disolución de materia, sino una seudo-disolución que se comporta como las disoluciones coloidales. Es un líquido que contiene en suspensión materias sólidas en estado de finísima división.

En el aparato oscilador que yo inventé, al hacer saltar el arco voltaico entre electrodos, conseguí que los vapores metálicos de mercurio, se condensaran en los puntos iluminados por el ultra-violeta, y en forma de polvo muy fino. Al separar de las paredes del cristal, con la aplicación del frío artificial, el mencionado polvo, pude mantenerlo en suspensión en un líquido alcalino, y comprobar que se trataba de un "coloide de oro".

La coagulación es un proceso en virtud del cual, la substancia gelatinosa que aparece adherida a la gamuza, y después se ha obtenido en solución coloidal, se separa en estado amorfo, en forma de capas mucilaginosas o de glomérulos adheridos entre sí, que retienen siempre algo de líquido. La masa separada, cuando forma una pasta más o menos espesa, recibe el nombre de coágulo. Puede conseguirse la coagulación en la solución coloidal del líquido verde, aplicando la Especial Volumetría por Conductibilidad Eléctrica. Se trata de una coagulación de soluciones de hidratos metálicos, en donde se ha demostrado que existe cierta analogía entre las soluciones de albúmina, y las aparentes soluciones de los coloides inorgánicos. En las soluciones coloidales existen pequeñísimas partículas en suspensión en el líquido que no es, pues, un verdadero disolvente. En realidad parece que hay, un tránsito continuo de las soluciones verdaderas a las soluciones coloidales y que las materias albuminoideas se aproximan a las últimas. Las partículas generalmente invisibles quedan repartidas homogéneamente, y parecen estar dotadas de un movimiento molecular parecido al browniano, que cesa con la adición de electrolitos. Influyen muy poco en la presión osmótica, la disminución del punto de solidificación, y el aumento de la temperatura de ebullición.

Durante la aplicación de la Volumetría por Conductibilidad, no aparecen bien formados los coágulos. En general las soluciones coloidales son estables entre ciertos límites de temperatura y concentración; fuera de estos límites ocurre la coagulación. Dejando en reposo el líquido, una vez que se ha presentado el azul pálido, apreciamos que las substancias disueltas se han coagulado, absorbiendo mecánicamente diversas materias. Es una coagulación, en la que hay absorción y retención con energía, de sales y materias colorantes. No debe confundirse la coagulación con la gelatinización que se presenta en diferentes líquidos cuando se enfrían o cuando se concentran mucho.

En las prácticas de Volumetría por Conductibilidad, se aprecia un fenómeno muy importante. Si la disolución alcalina es concentrada, al reaccionar con el ácido se separan los compuestos de oro en forma de coágulos. Por el contrario, disoluciones alcalinas muy diluidas, y un exceso de ácido, no se forma ningún pre-

Nº I3

cipitado y la disolución permanece clara e inalterada en apariencia. Las cosas suceden, pues, como si en el liquido verde que después ha pasado a azul pálido, existieran partículas de materia poco solubles en el agua y se precipitasen, parcialmente, cuando las disoluciones fuesen concentradas, y quedasen en cambio disueltas, si tienen gran cantidad de agua. Pero tal cosa no es exacta, porque la disolución azul pálido que se obtiene, cuando se emplea el liquido muy diluido, no puede considerarse como una disolución verdadera pues los compuestos de oro se presentan en estado "coloidal"

PRACTICA DE LA OPERACION EN EL EJERCICIO V.

Se pone en marcha el agitador rotativo durante unos diez minutos, procurando que la agitación sea lo más enérgicamente posible y evitando a la vez que el liquido pueda salir de la cuba electrolítica. La agitación se hace con los mismos electrodos, para no dar lugar a recoger materia en ninguno de ellos. Después de esta agitación se deja el liquido en reposo, y podremos observar que aparece ya el azul pálido, pero no de un modo claro. Al poner de nuevo en marcha el agitador rotativo, se establece el circuito de la corriente eléctrica, y al cabo de 15 minutos se dejan caer las gotas de ácido nítrico diluido. La bureta cuenta-gotas automática funciona, hasta que se presenta bien manifiesto el azul pálido, y quedan formados los "coágulos gelatinosos." Se regula la caída del ácido de modo que quede neutralizada la velocidad de emigración de los iones OH, y se llega a conseguir que la zona donde alcanzan estos permanezca limitada a un punto determinado. Esta zona representa una región en la que el liquido es neutro, siendo alcalino por debajo de ella y ácido por encima. Precisamente en dicha zona se precipitan los "coloides"

Al quedar definitivamente formada la "micelle iónica", nos encontramos que en la disolución coloidal aparecen dos iones diferentes, uno de ellos corresponde al ión de oro. Cuando existen en una solución dos iones diferentes, pero con la misma carga, la corriente los utiliza los dos para ser transportados proporcionalmente a su concentración y velocidad relativa de la emigración. Se demuestra fácilmente que son de oro los coágulos formados en esta Especial Volumetría, sometiendo la disolución a la diálisis.

EJERCICIO VI

DIALIZADOR: Se coloca la disolución en una vasija, cuyo fondo sea de papel pergamino o esté formado por una vejiga animal apropósito, estando sumergida toda la vasija en agua pura.

Las sales formadas en virtud de la reacción producida en el Ejercicio V, se difunden sin dificultad inalterada a través de la pared formada por la vejiga o pergamino, y en cambio, los compuestos de oro quedan retenidos por la misma. Continuando el experimento durante algunos días, renovando con frecuencia el agua donde está sumergida la vasija que contiene la disolución, acaban por difundirse los últimos restos de sal y nos queda en el "dializador" un liquido que solo contiene principalmente "hidróxido de oro"

Es interesante la aplicación de la diálisis en la prepara-

Nº 14.

ción del hidróxido de oro al estado coloidal. Pero ocurre que en el Ejercicio III,se recogen como residuos de la acción de la Prensadora,algunas cantidades de mercurio que no se han podido convertir en coloides. El líquido obtenido como resultado de la presión de la almohadilla,no se puede concentrar por ebullición lenta,y en su consecuencia es sometido a las prácticas del Ejercicio V. De éste modo,los residuos pueden obtenerse al estado coloidal soluble y coagulable,por éste medio. La operación de dialisis facilita la formación del hidróxido de oro.Dializando la mezcla,queda sobre el dializador,eliminando las sales solubles formadas,un líquido que contiene el hidróxido de oro al estado de solución coagulable por el calor,en forma análoga a la albúmina,y que yo nombro "hidróxido de oro dializado", es el mismo caso a que se hallan la albúmina,el ferrocianuro de cobre,el azúl de Prusia y otros cuerpos.

"La cantidad de oro se puede beneficiar en el 98 % en que APARECE formando el mercurio",pués si se difundiera mercurio en la operación de diálisis,éstos residuos también se podrían aprovechar,sometiéndolos de nuevo a las prácticas del Ejercicio V.

EJERCICIO VII

Los compuestos de oro así obtenidos,poseen todas las propiedades de las disoluciones coloidales ó seudo-disoluciones". No cristalizan por evaporación,sino que queda como residuo una masa amorfa,de aspecto vítreo,que solo se redisuelve parcialmente en el agua. La presencia de tales substancias apenas modifican,las temperaturas de congelación y de ebullición del agua, y no poseen,por otra parte,reacciones químicas especiales. Si volvemos a añadir una porción de substancias,sales en particular,se coagula el líquido,formando una especie de gelatina, sobre todo si se ha concentado,algún tanto,a baja temperatura.

EJERCICIO VIII

La fusión,ó reducción metálica,de los coloides de oro en horno eléctrico. Se puede también realizar una electrólisis como la practicada en las sales fundidas.

N O T A.

Las REIVINDICACIONES de ésta invención,son las siguientes:

1ª.= La aplicación del N O $_3$ H diluído en una volumetría por conductibilidad eléctrica utilizando como electrólito la solución verdosa de una sal mercuriosa.

2ª.= La formación de un líquido azul de oro coloidal como resultado de la adición del N O 3 H,diluído a la solución verdosa de la sal mercuriosa.

3ª.= La formación del coágulo gelatinoso en el momento que aparece la solución de oro coloidal.

4ª.= Método para la metalización del oro coloidal obtenido en el procedimiento arriba descrito.

Nº 15.

5ª.= RESUMIENDO: Se reivindica de exclusiva invención del que suscribe y como objeto sobre el que ha de recaer la patente que se solicita por veinte años en España,por "Un procedimiento para convertir en coágulos gelatinosos de oro,el óxido mercurioso que precipita al mismo tiempo que se forma una abundante cantidad de nitro",Clase 16.

Todo conforme a la nueva Ley de Propiedad Industrial,y como queda descrito en la presente memoria,que consta de quince hojas mecanografiadas por una sola cara,y a título de ejemplo se representa en los dibujos que se acompañan.

Madrid,14 de Febrero de 1931.

POR AUTORIZACIÓN DEL INTERESADO.

Modesto Polo

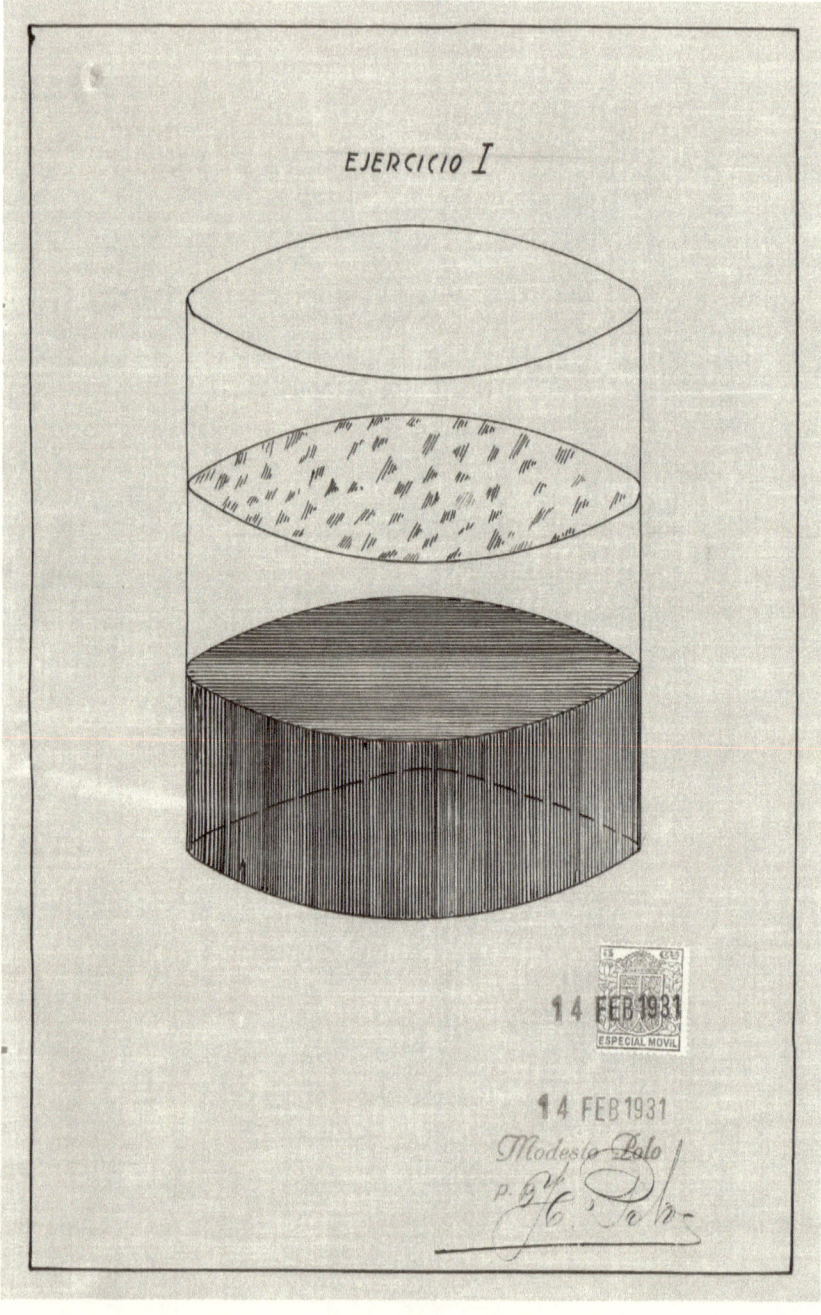

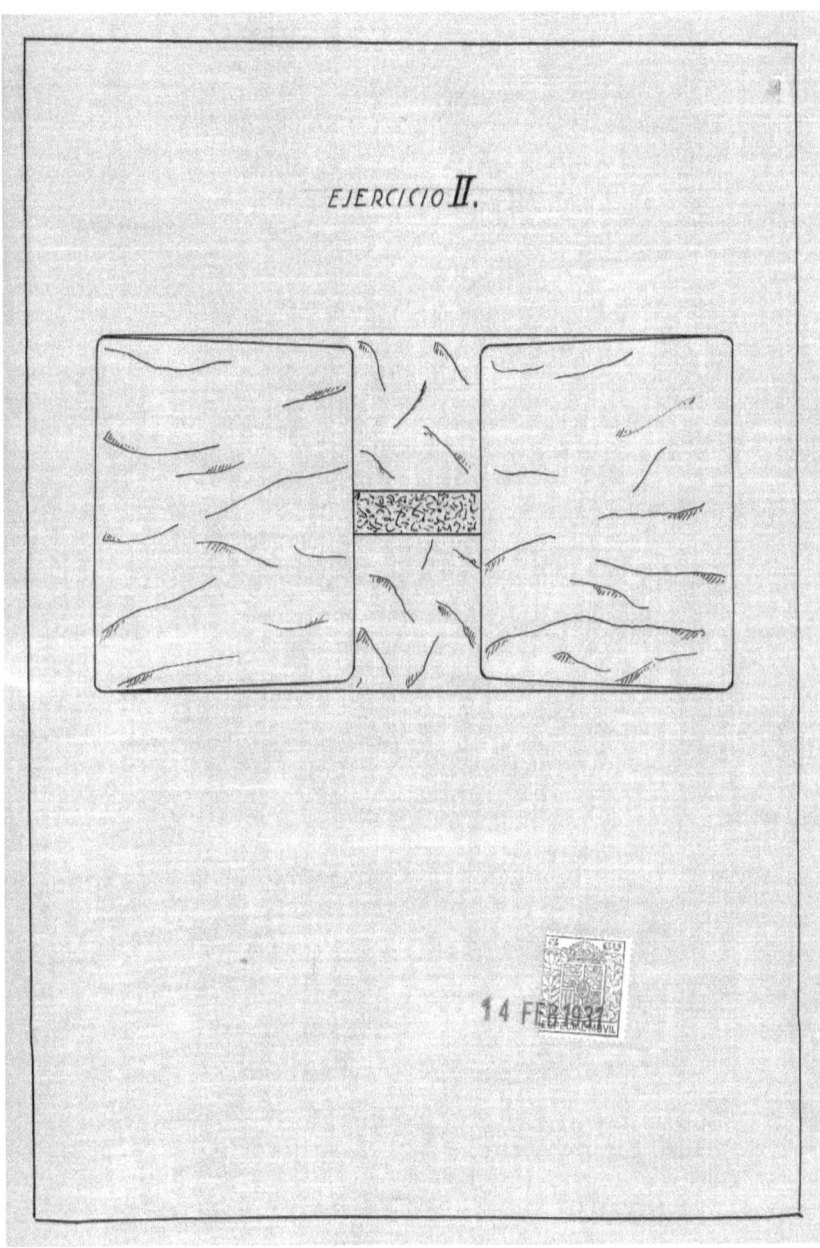

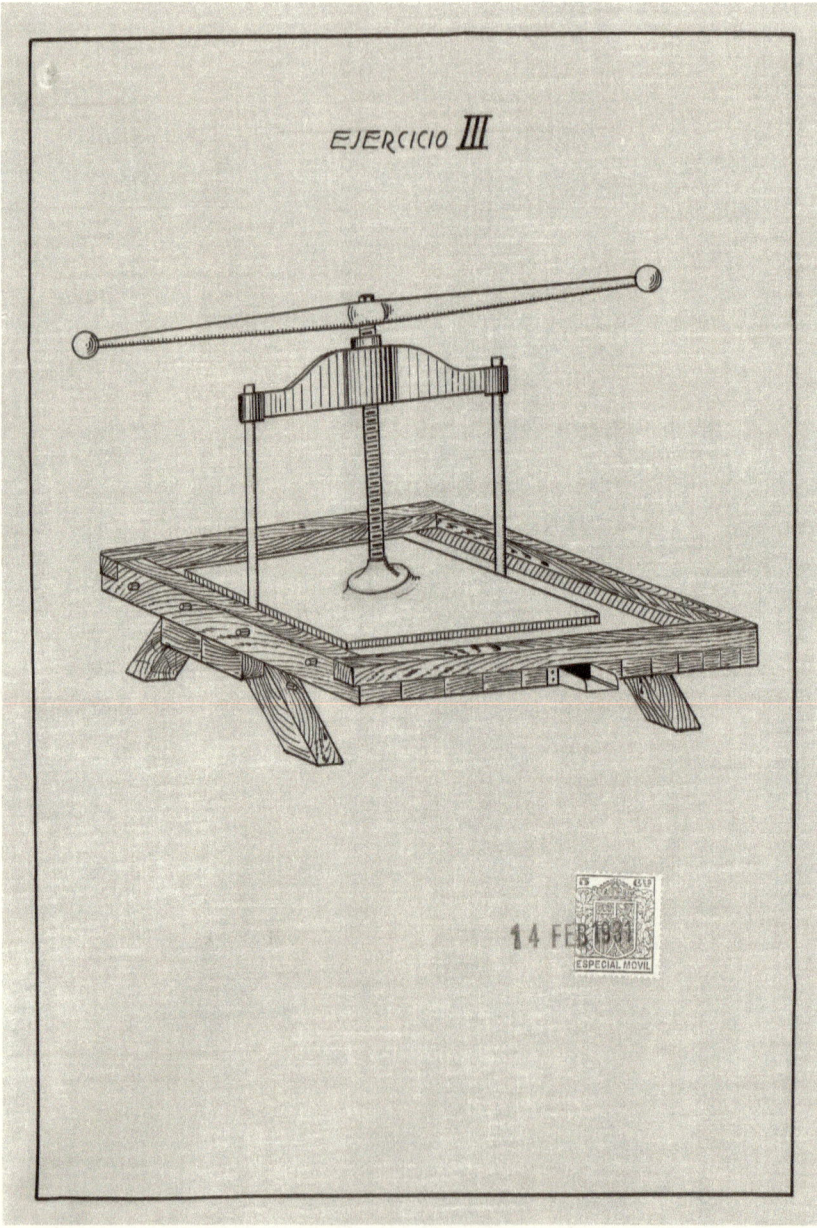

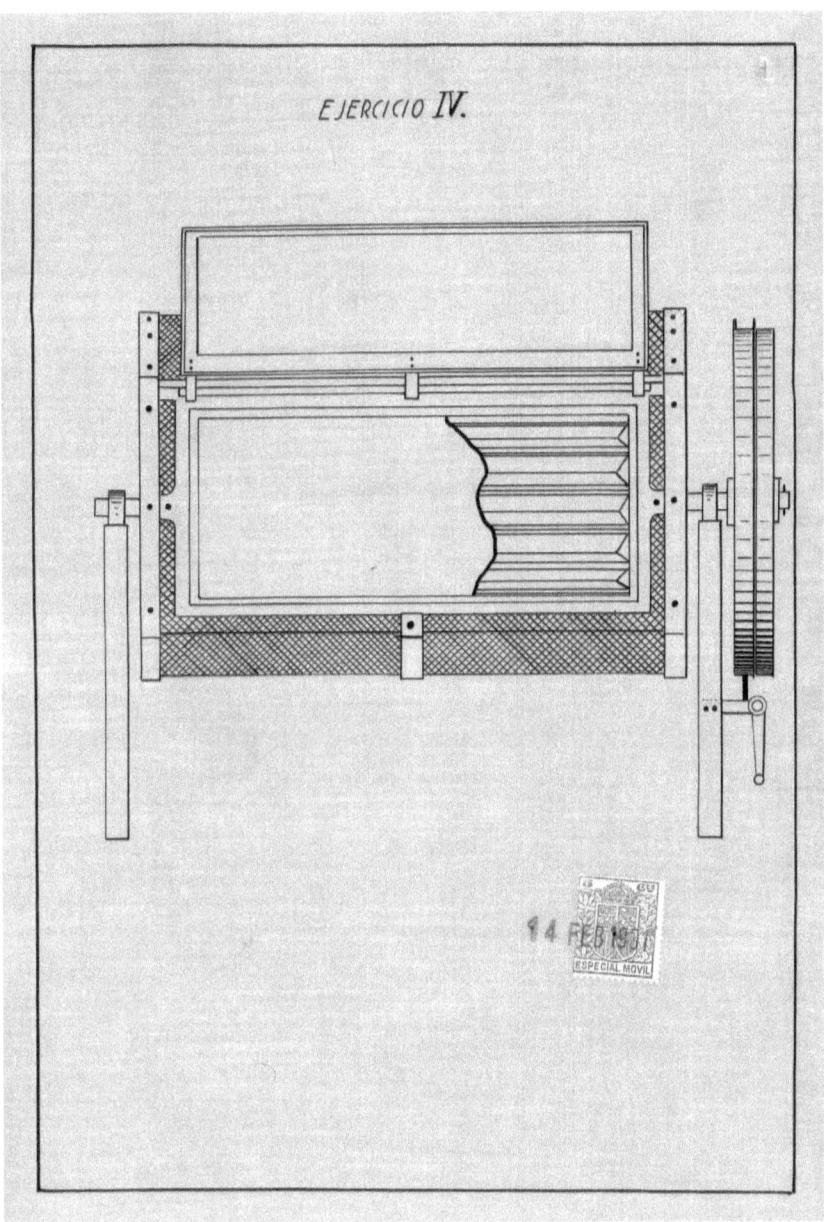

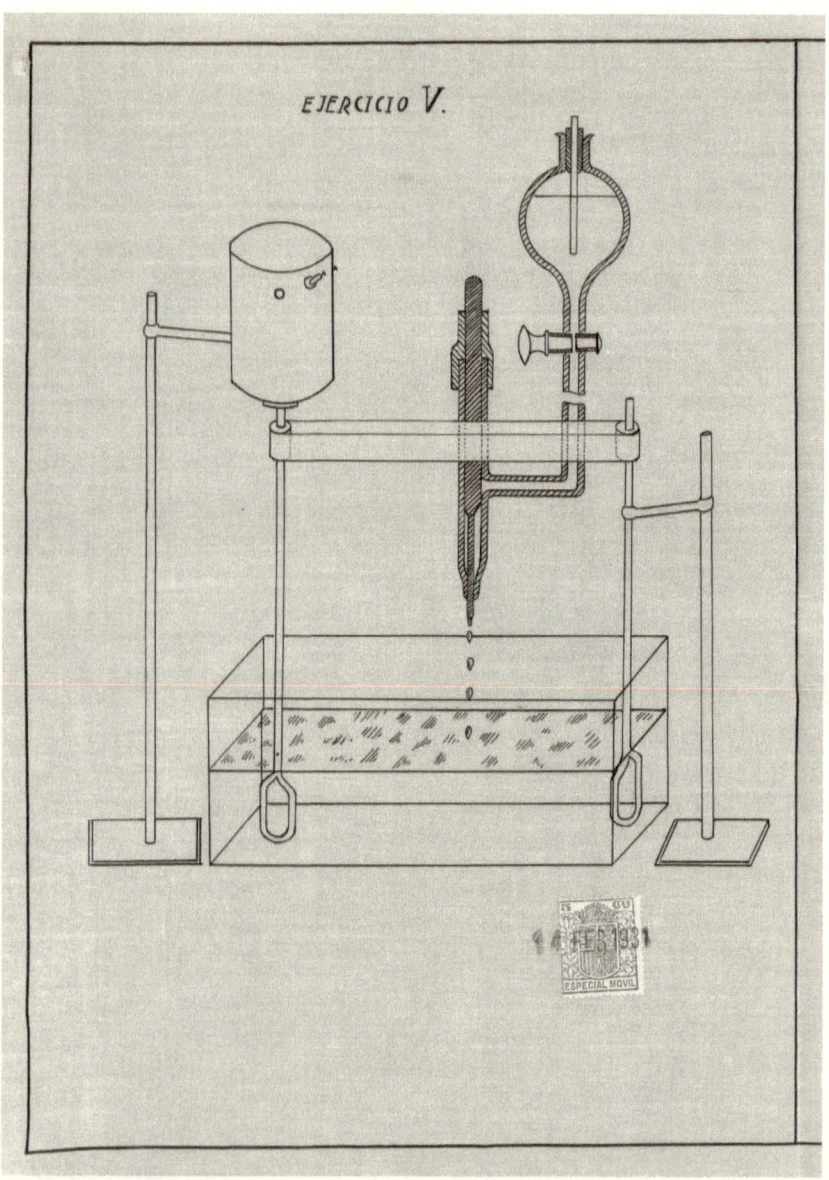

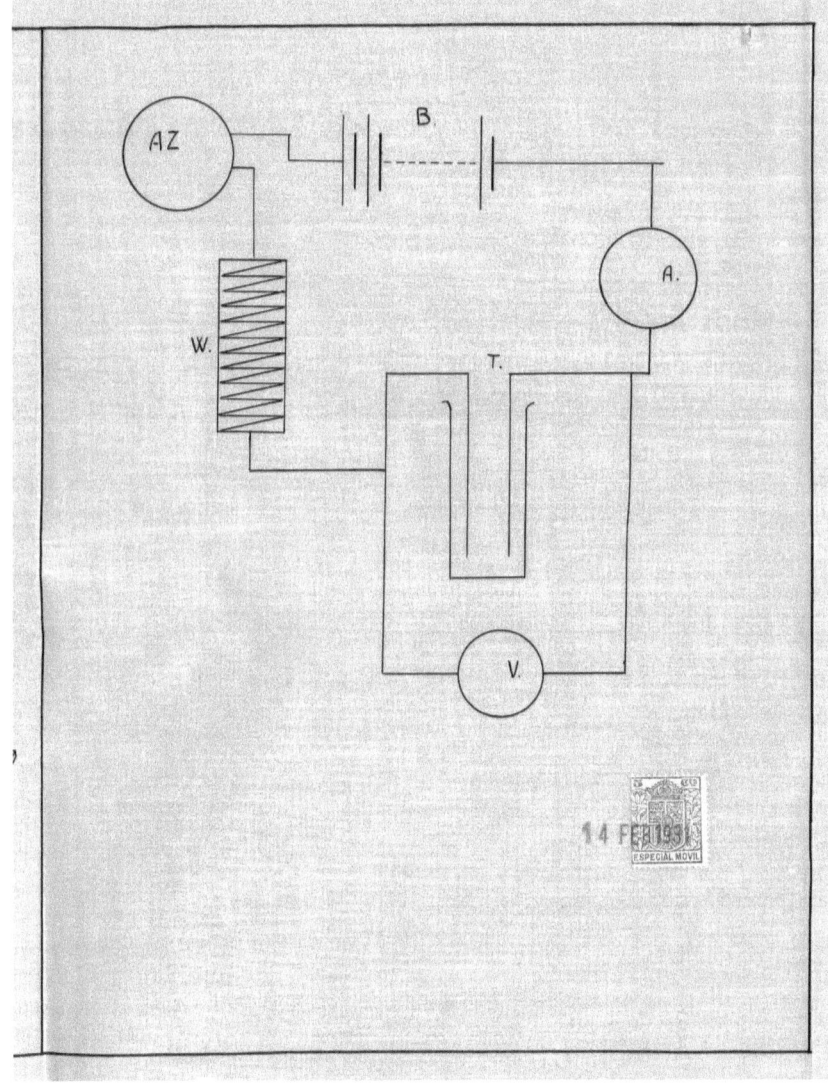

Germán Botella. El hombre que quiso convertir en oro el mercurio del Almadén

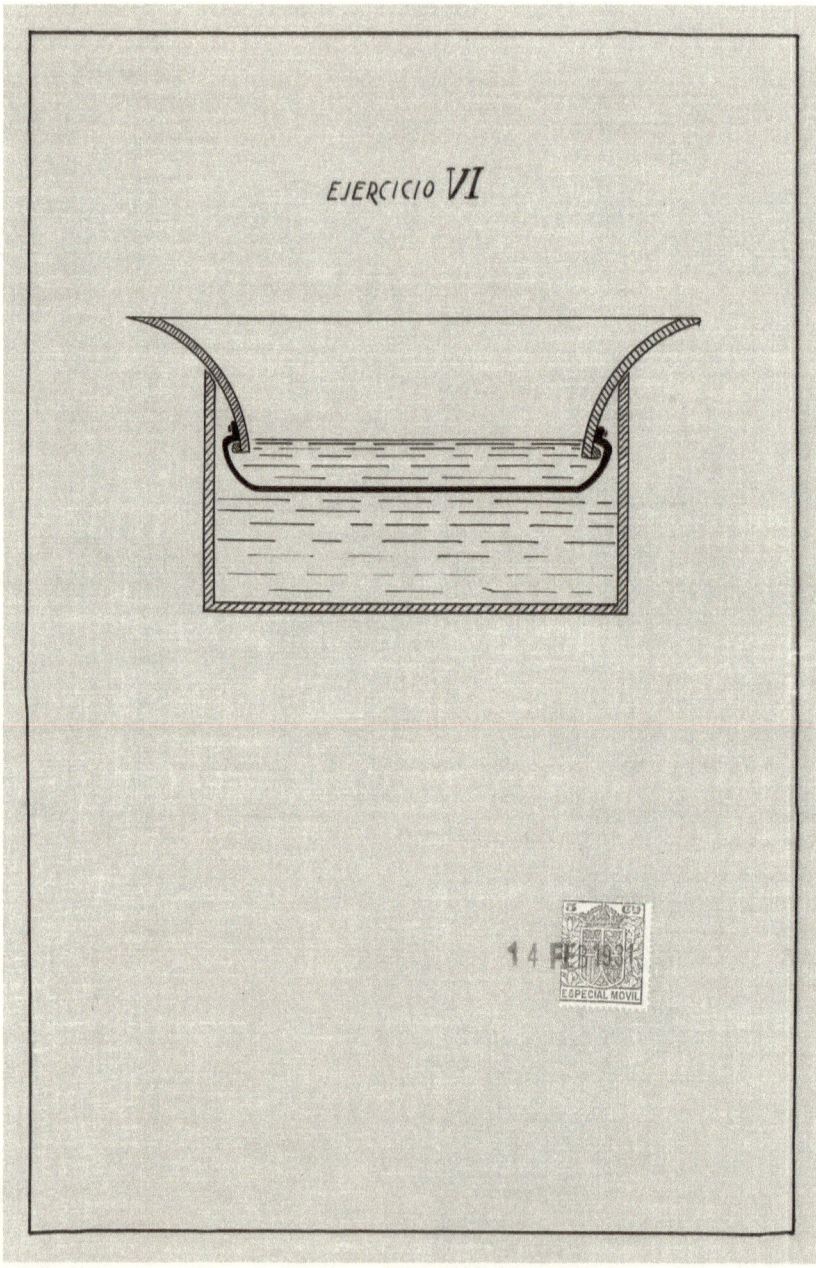

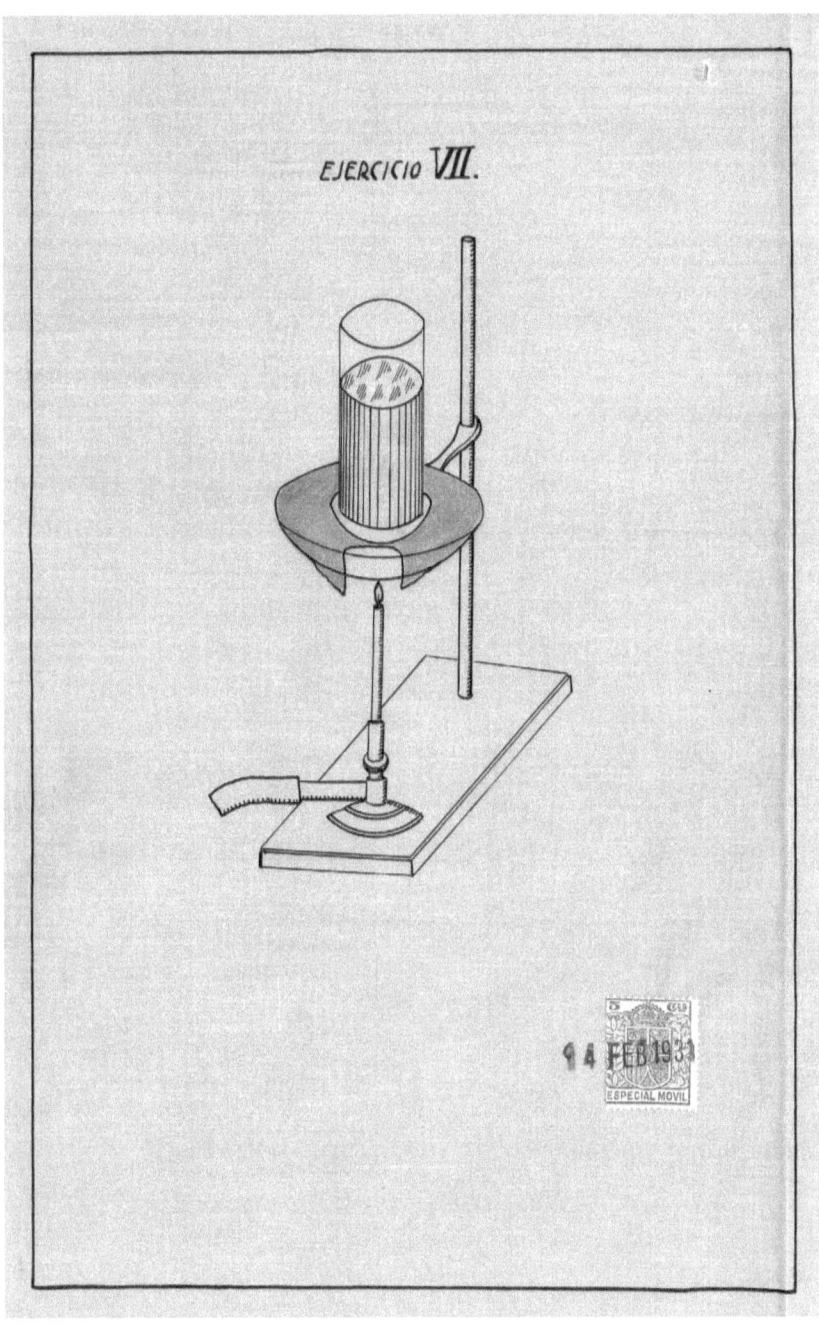

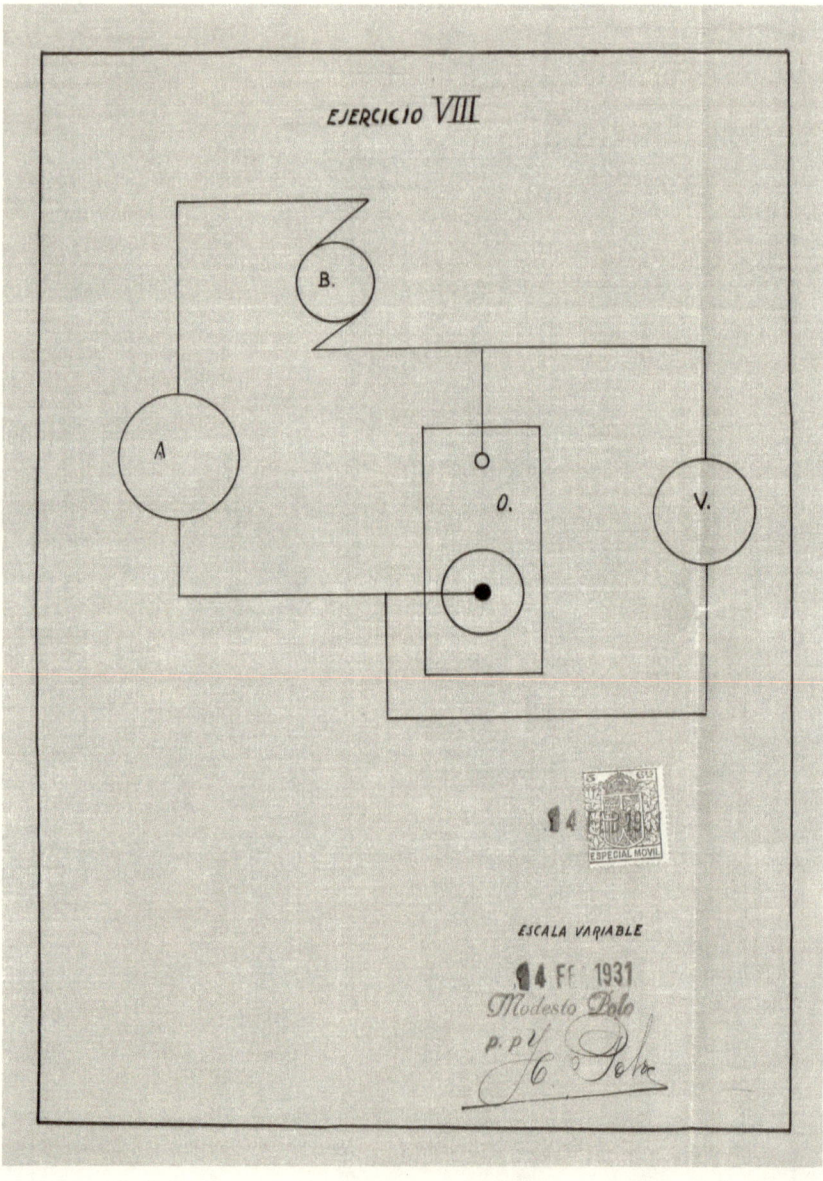

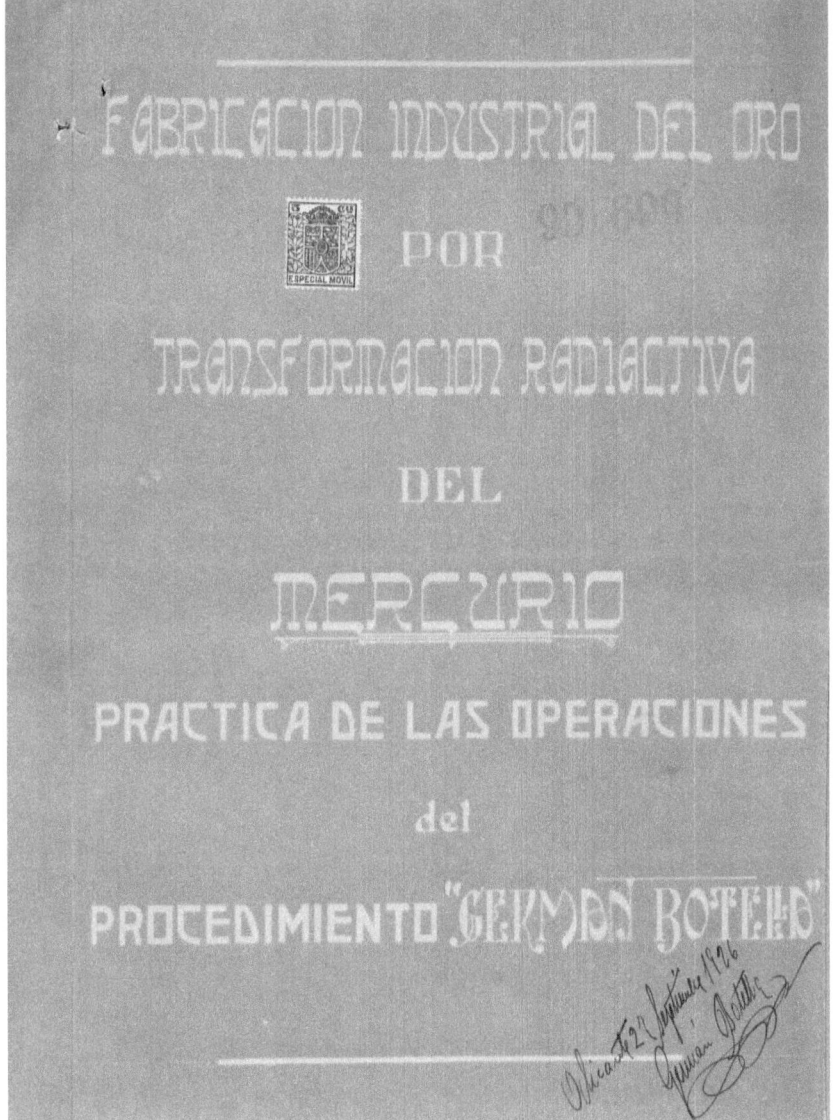

Germán Botella. El hombre que quiso convertir en oro el mercurio del Almadén

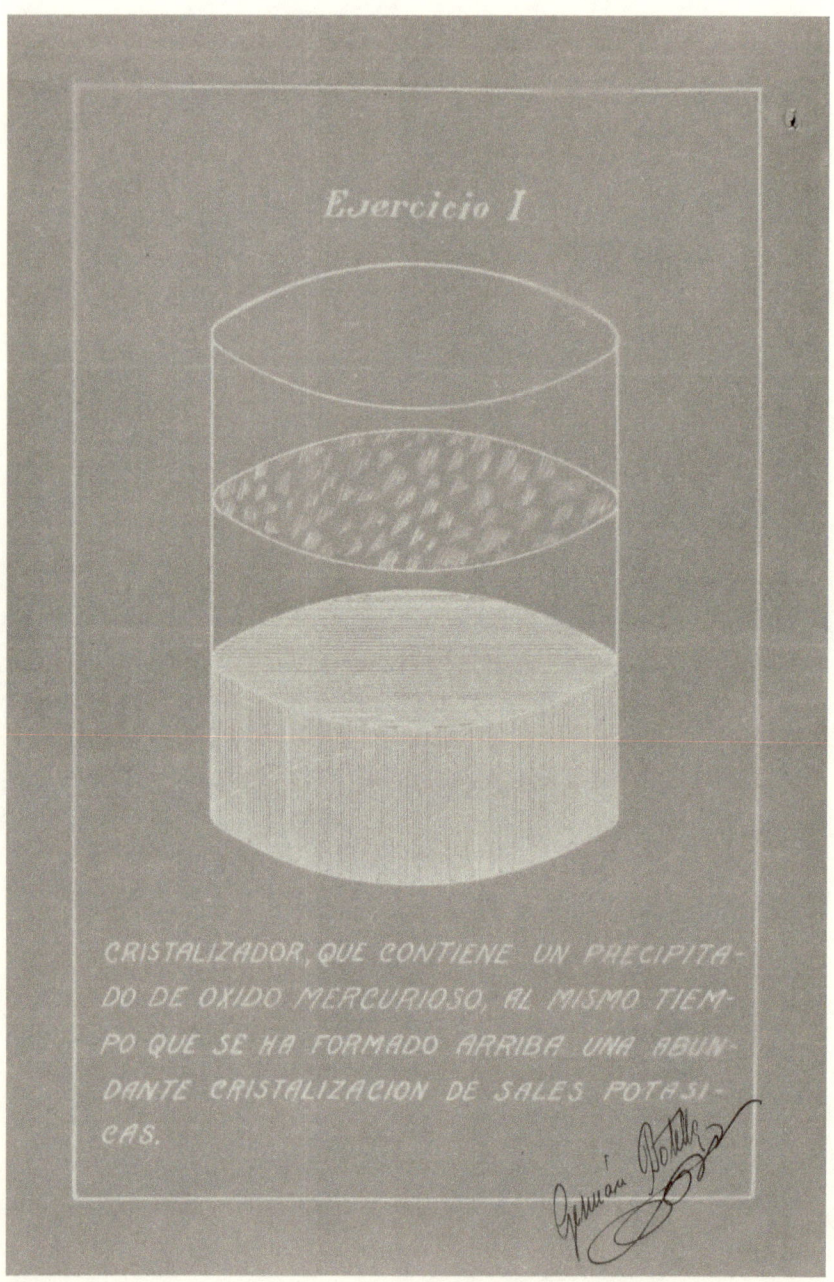

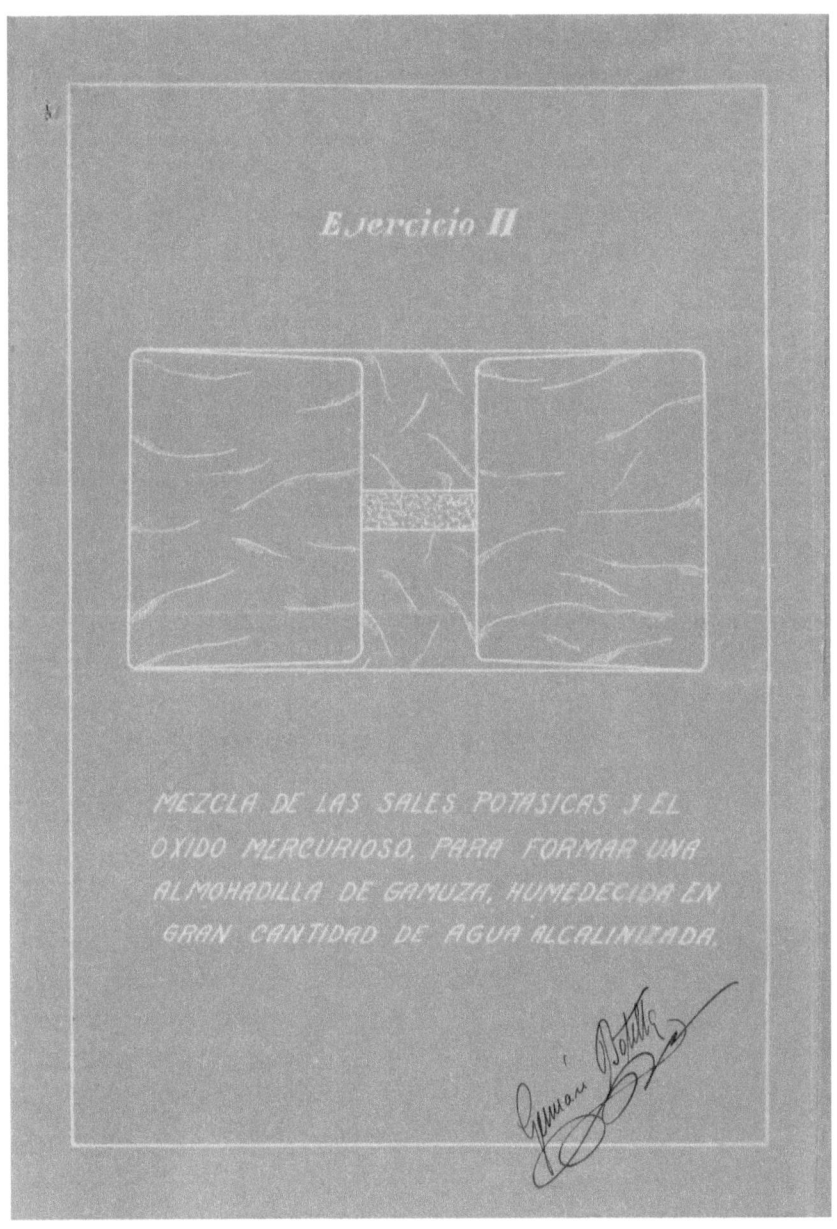

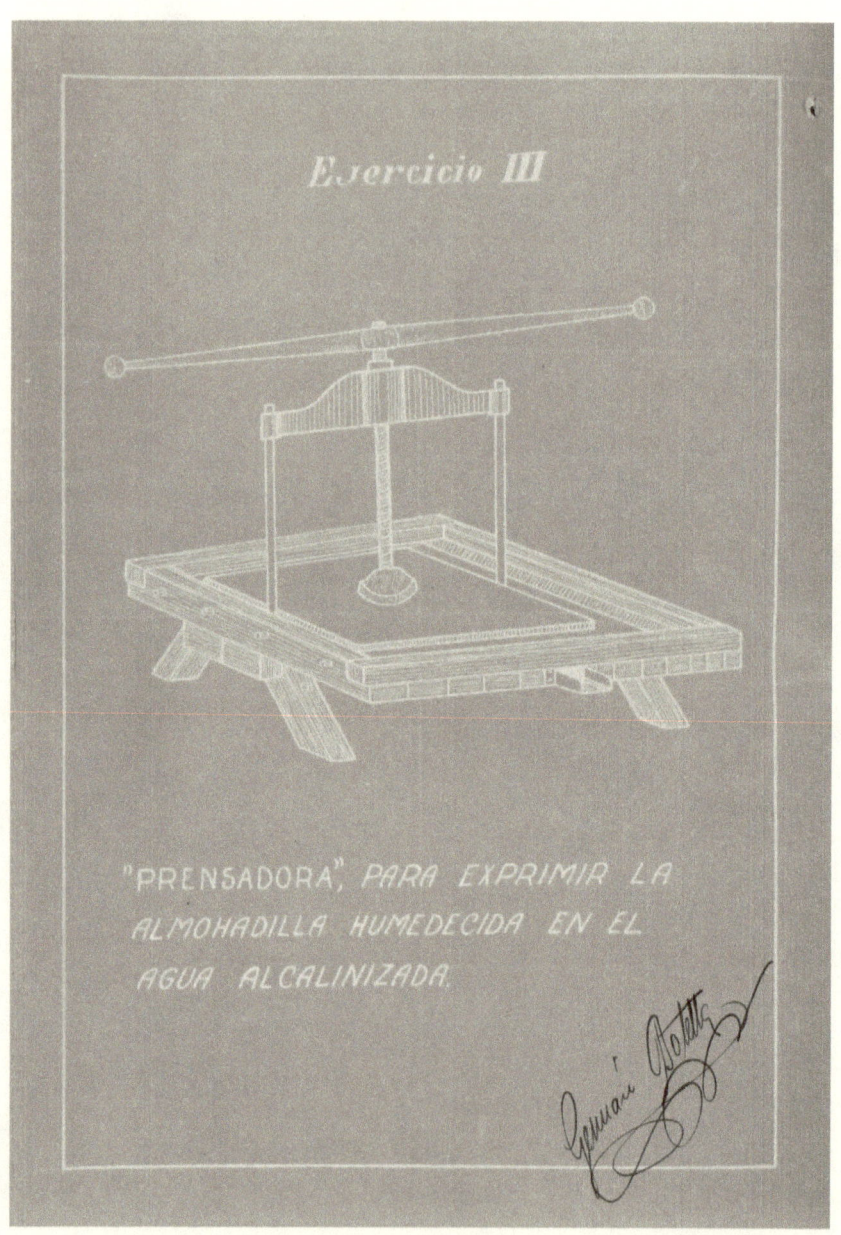

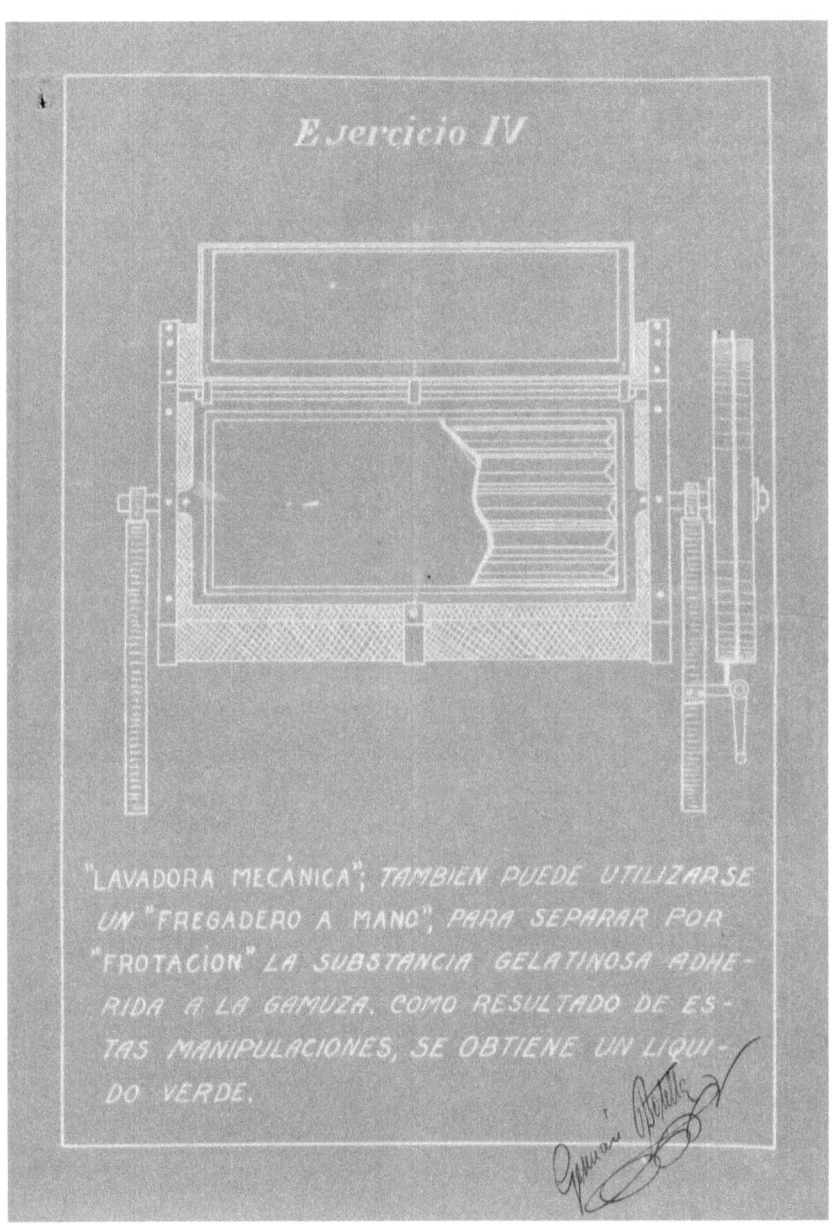

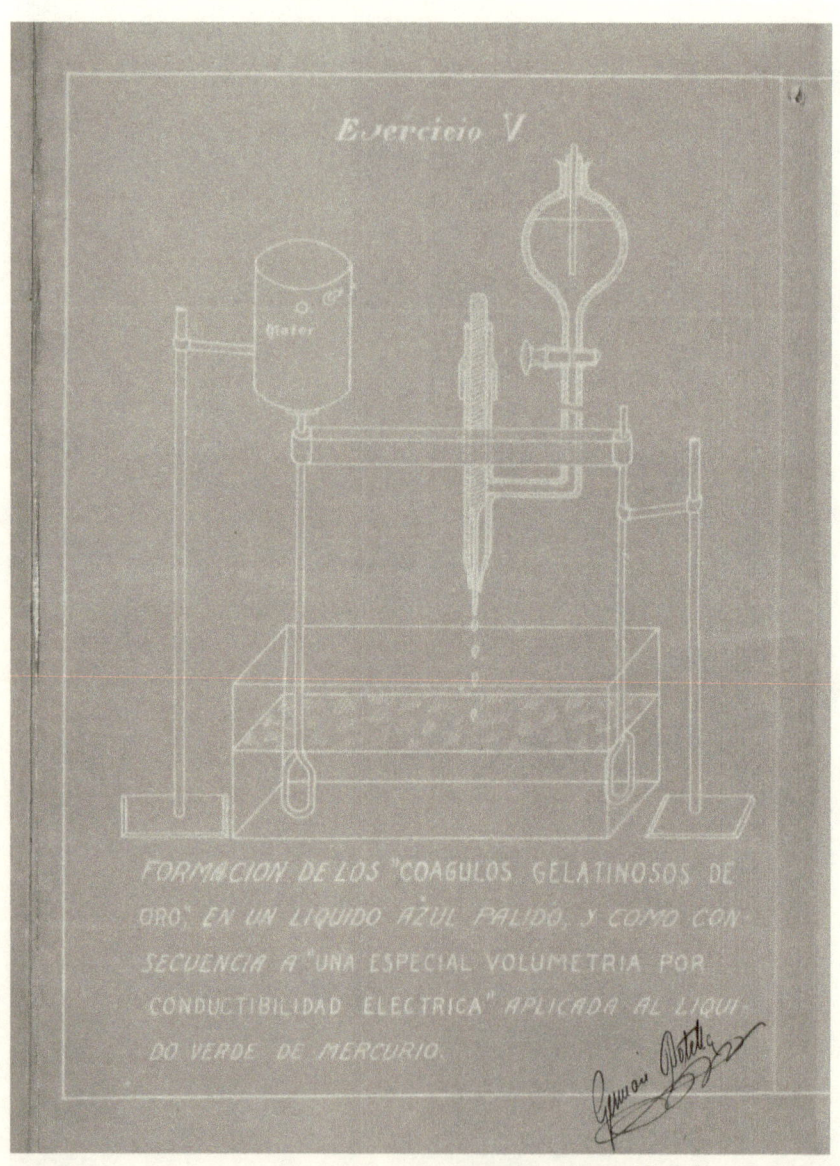

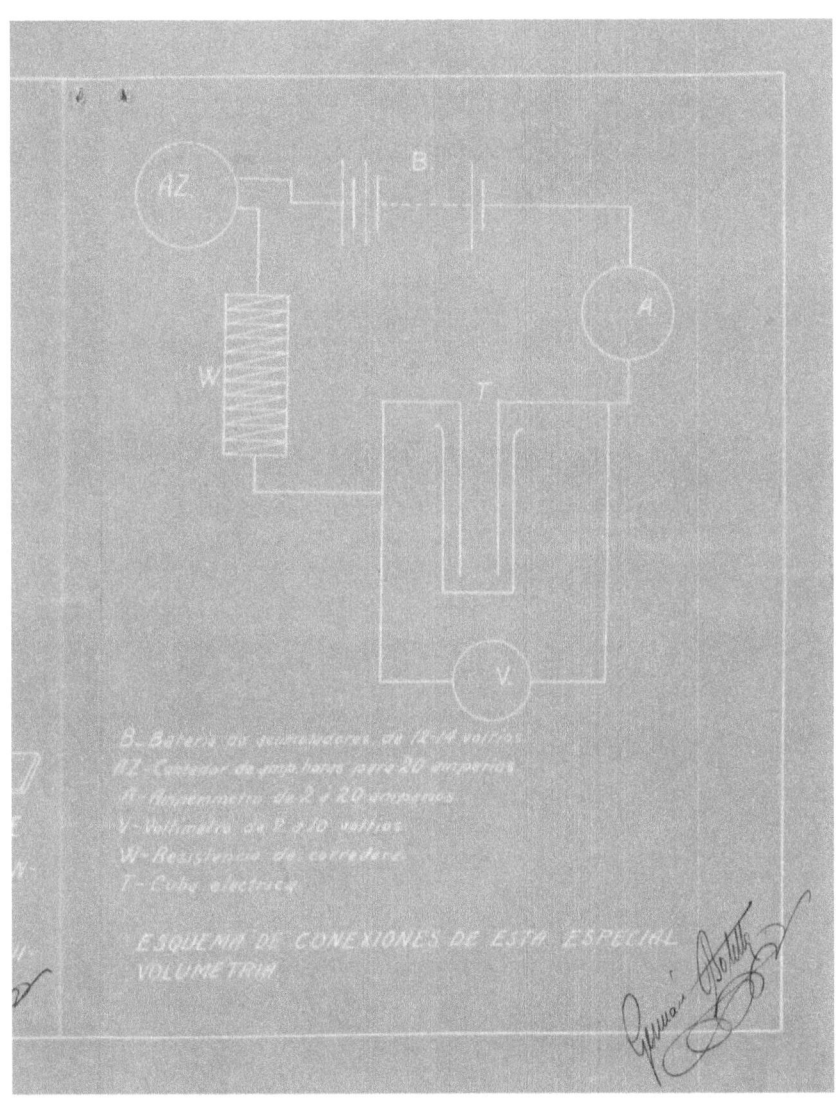

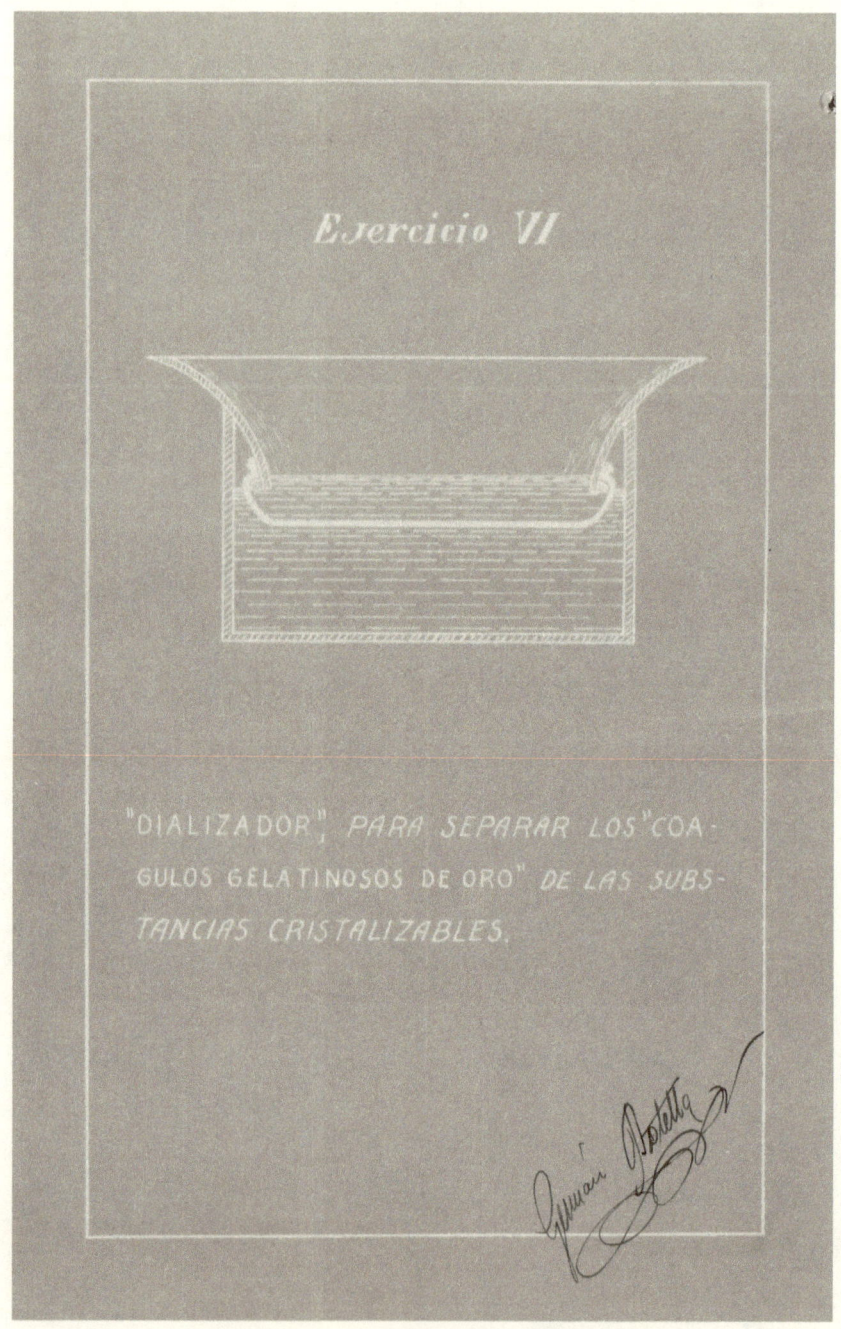

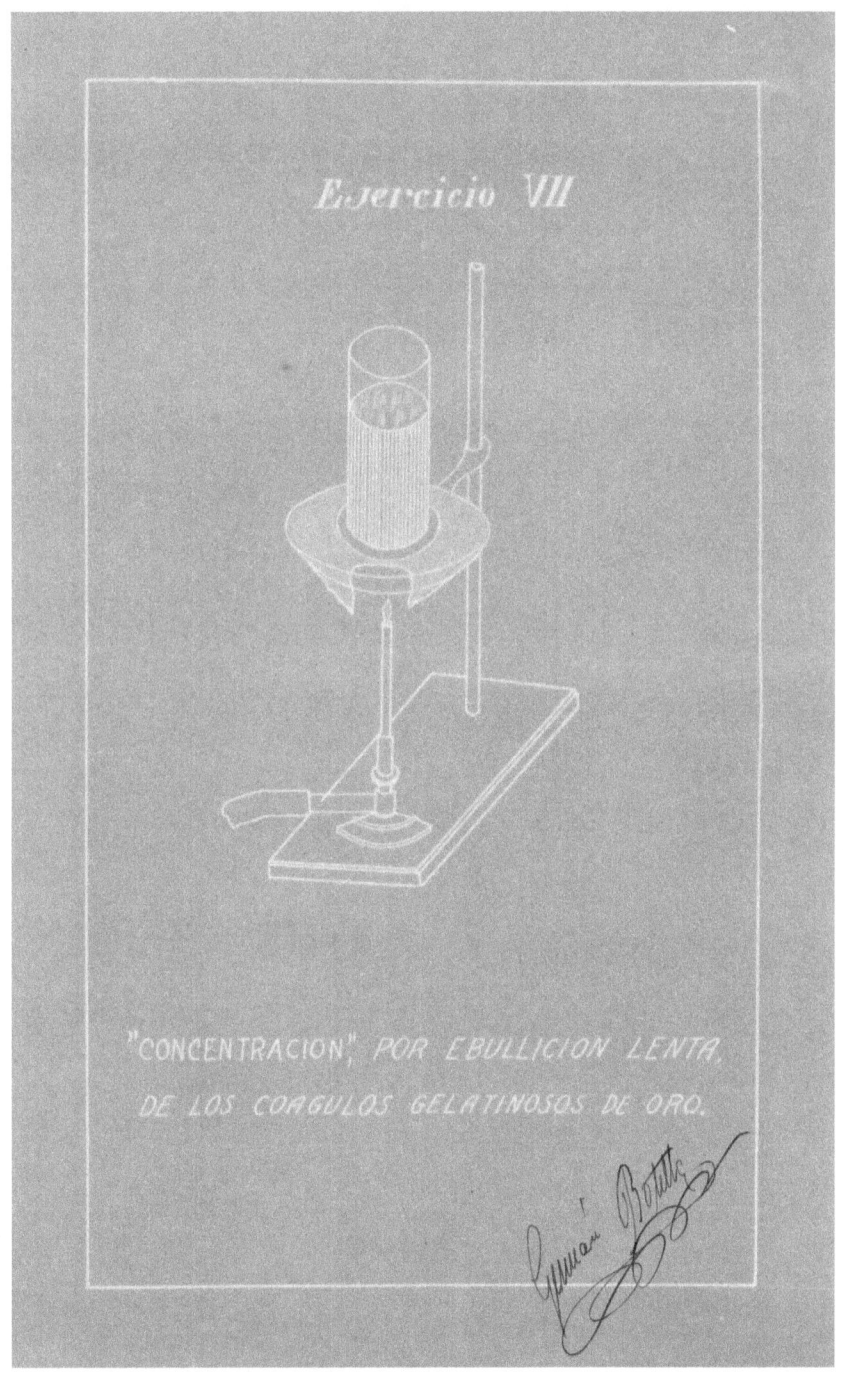

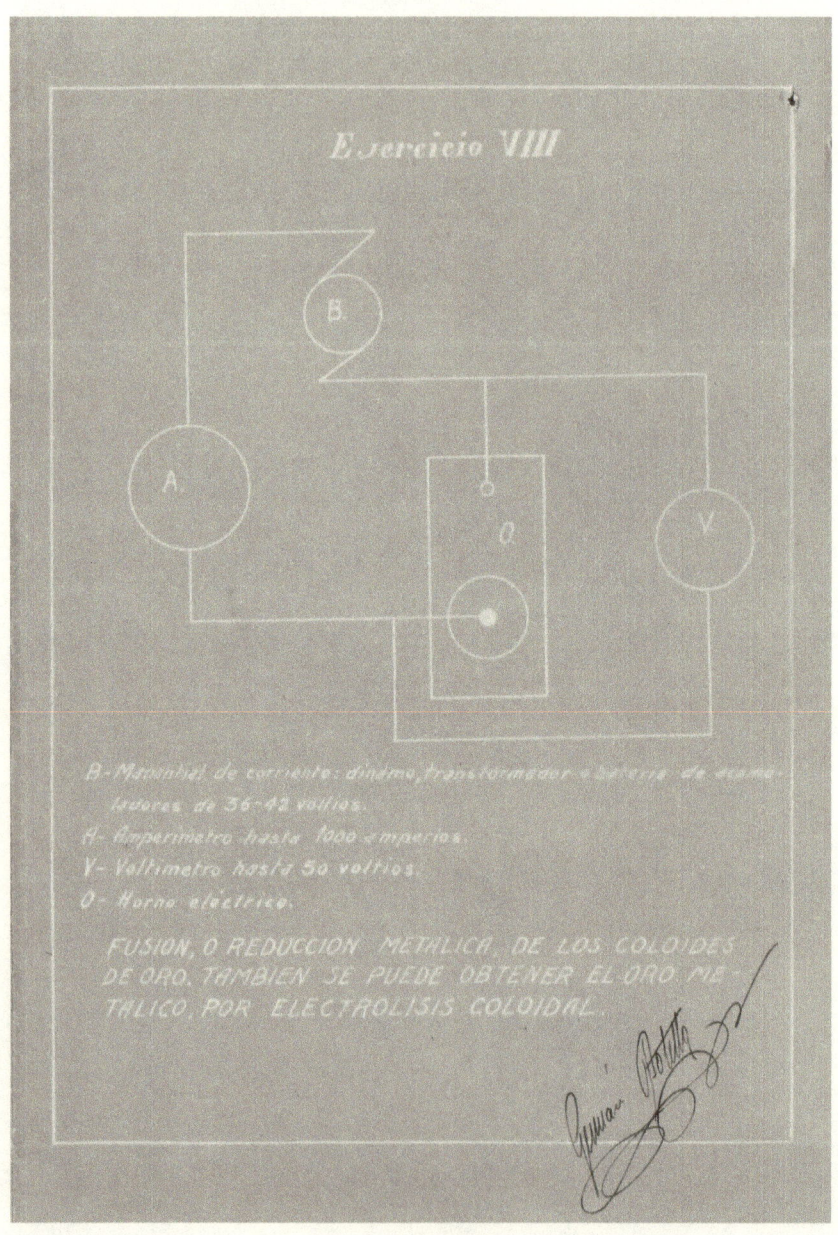

Patente de Invención 126605
10/05/1932
El procedimiento de las reacciones catalíticas que se producen con los productos inestables de bióxido de azufre que despende el átomo de mercurio al convertirse en oro

P A T E N T E   D E   I N V E N C I O N   18 M

por veinte años en España

a favor de

Don Germán BOTELLA Pérez, de nacionalidad española

residente en <u>Alicante</u>,

por:

"El procedimiento de las reacciones catalíticas que se producen con los productos inestables de bióxido de azufre que desprende el átomo de mercurio al convertirse en oro", Clase 16.

="=

M E M O R I A   D E S C R I P T I V A.

FUNDAMENTOS CIENTIFICOS.

El átomo de mercurio desprende provocadamente productos inestables de bióxido de azufre lo mismo que cualquier elemento radioactivo emite con espontaneidad emanación.

"Cuando una sal mercuriosa se hace totalmente soluble en una solución muy concentrada de potasa caústica, el ión mercurioso, $Hg^{\cdot}$, que ya en esta disolución concentrada aparece en forma de ión doble divalente, $Hg^{\cdot\cdot}_2$, se desdobla en el ión monovalente, $Au^{\cdot}$ y productos inestables de SO_2; este último forma el derivado hidroxilado del mismo radical $SO_2(OH)$. Los nuevos iones en cuestión se mueven en el líquido en todas direcciones".

La sal mercuriosa ha de experimentar una fuerte hidrolisis <u>sin formación de precipitados de sales básicas</u>, poco solubles. Ya indicaremos mas adelante como se consigue esta hidrolisis. En las condiciones que se determinan, el ión doble divalente $Hg^{\cdot\cdot}_2$ se desdobla en otros iones mas sencillos de naturaleza química distinta. La moderna teoría sobre la concentración de las materias reaccionantes nos explica este desdoblamiento del

= 2 =

ión Hg¨ en el ión Au˙ y el derivado hidroxilado del radical $SO_2(OH)$.

La razón es muy sencilla: En el caso presente se intenta representar relaciones complejísimas, cuyas leyes no dependen de las que pueden expresar las fórmulas químicas, sino de una mayor variabilidad. No consiste en representar gráficamente el gran número de transformaciones que puede experimentar la sal mercuriosa dada, al reaccionar con todas las demás, transformaciones que, por otra parte, no se verifican en una dirección. Influyen las condiciones externas, presión, temperatura, concentración etc.

Pensando lógicamente no pueden expresarse esas múltiples relaciones por la colocación relativa de los símbolos de los diferentes elementos. Las fórmulas de constitución solo nos representarán en éste caso una parte de las propiedades y no corresponderán mas que a un cierto número de relaciones y en particular a las que se presentan con mas frecuencia.

REACCIONES CATALITICAS.

En todas las reacciones catalíticas hay la formación de productos intermedios. No es cierto que estos productos lo mismo que se forman se descomponen. La substancia que actúa como aceleradora de una reacción principal, ha formado parte de los productos finales de anteriores reacciones. Existe una relación estequiométrica entre los productos intermedios é inestables. Las reacciones intermedias no se verifican con un solo producto de esta naturaleza, formándose y descomponiéndose simultáneamente, sino que se producen una porción de compuestos intermedios, cuya proporción relativa depende de la temperatura, cantidad de agua y concentración.

Mi descubrimiento está basado en todo lo que precede y en las reacciones intermedias que se originan entre el ácido nítrico y el sulfuroso que desprende el ión doble divalente $Hg¨_2$.

La combinación del óxido de carbono con el oxígeno corresponde al tipo de fenómenos catalíticos y precisamente

= 3 =

las reacciones intermedias del ácido nítrico y sulfuroso son las que nos sirven para producir la citada combinación del óxido de carbono. Al producirse esta reacción del óxido del carbono, desaparecen por completo los productos intermedios é inestables de la reacción del ácido nítrico y sulfuroso y obtenemos el oro con toda su pureza.

Concretaremos el plan de trabajo para señalar la manera de obtener prácticamente el oro:

1º.= Producir el catalizador A con los elementos determinantes de una reacción.

2º.= Hacer que el catalizador A reccione con otros elementos y separadamente de la reacción principal que lo produjo, y

3º.= Determinar el final de las reacciones de los productos intermedios é inestables del ácido nítrico y sulfuroso para hacerlos desaparecer con una **reacción principal** que necesita el auxilio de la catalización.

Se produce el catalizador del mercurio por la acción de las masas, es decir, por la concentración de los elementos determinantes de una reacción. Este catalizador es el compuesto hidrogenado del radical $SO_2(OH)$. El derivado nitrado inorgánico mas importante es el ácido nitrosulfónico ó nitrosulfúrico, al cual corresponde por su composición y propiedades la fórmula

$$SO_2 \begin{array}{c} OH \\ NO_2 \end{array}$$

Para obtenerlo se puede hacer reaccionar el ácido nítrico sobre el derivado hidrogenado del radical $SO_2(OH)$, o bien el ácido nitroso sobre el derivado hidroxilado del mismo radical. Empleamos a la vez ambos procedimientos que conducen al mismo resultado.

Como el ácido nitrosulfúrico es una substancia muy sensible a la acción del agua, inmediatamente que se produce se transforma en ácidos sulfúrico y nitroso, el cual se descompone a su vez

= 4 =

80   parcialmente.

$$SO_2(OH)\ NO_2 + H_2O = SO_4H_2 + NO_2H.$$

En esta reacción obtenemos el ácido sulfúrico en disolución muy estable, que puede diluirse en parte con agua, produciéndose el equilibrio correspondiente. Esto nos permite que el catalizador SO_4H_2 reaccione con la potasa caústica KOH y obten-
85   gamos el sulfato potásico SO_4K_2 mas H_2O.

Este es el final de la reacción del catalizador representado en el compuesto hidrogenado del radical $SO_2(OH)$. Pero todavía el compuesto catalizador de SO_4K_2 sufre una última transformación al producirse una <u>reacción principal</u> que nece-
90   sita el auxilio de la catalización.

El sulfuro potásico anhidro se obtiene por la reducción del sulfato potásico por medio del carbón puro.

$$SO_4K_2 + 4C = SK_2 + 4CO$$

Simultáneamente a esta reacción de los productos intermedios e inestables de SO_4K_2, se produce la <u>reacción
95   principal</u> siguiente:

$$2CO + O_2 = 2CO_2$$

El óxido de carbono arde en el oxígeno dando gas carbónico. Se combinan, pues, dos volúmenes de óxido de carbono con un volúmen de oxígeno para formar dos volúmenes de gas carbónico, es decir, según las mismas relaciones de volúmen
100   que en el caso de la mezcla oxhídrica. Y como estos fenómenos corresponden a los <u>catalíticos</u>, yo demuestro que con la formación de los productos intermedios e inestables del compuesto hidrogenado del radical $SO_2(OH)$, <u>se produce la mezcla del óxido de carbono con el oxígeno</u>. Esta mezcla, es también deto-
105   nante, como la que se forma con el hidrógeno, pero las explosiones que producen al encenderlas son menos intensas que las de la mezcla oxhídrica.

Como resultado de todas las reacciones que preceden, se obtiene un líquido aurífero, de hermoso color azul intenso;

= 5 =

110 este líquido no se descolora en algunos meses de reposo. Al obtener el citado líquido aurífero se produce la reacción característica del gas sulfhídrico (olor a huevos podridos) que desprende el átomo de mercurio al convertirse en oro. Basta con disolver en el agua los residuos de la mezcla del óxido de
115 carbono y tratar la disolución con un ácido diluído para que se produzca la reacción del sulfhídrico al mismo tiempo que el hidrosol áurico. Primeramente nos da un color negro azulado que cambia enseguida en azul intenso. La adición de potasa caústica, separa de la solución oro metálico, en forma de polvo
120 insoluble, pardusco.

El polvo pardusco se calcina durante una hora. Después de esta calcinación, al tratar el polvo con agua regia, nos da una mezcla, en proporciones variables, de tricloruro de oro y oro metálico.

125 Como final del procedimiento se emplea la <u>cianuración</u>. No se puede prescindir de la cianuración por las razones que expondré al indicar la práctica de la operación.

PRACTICA DE LA OPERACION.

a). En un cristalizador se ponen 1.000 gramos de mercurio metálico, y se añaden otros 1.000 gramos de ácido nítrico puro.
130 El <u>nitrato mercurioso</u>, NO_3Hg, que se obtiene, cristaliza en frio por que la solución contiene dicho ácido en exceso. Se hace actuar una disolución <u>muy concentrada</u> de potasa caústica (lo mas concentrada a la temperatura y presión normal) sobre la sal mercuriosa. El <u>óxido mercurioso</u> u <u>oxidulo de mercurio</u>, Hg_2O se
135 disuelve con el ácido nítrico puro y se neutraliza con la solución de la potasa concentrada. Se obtiene de nuevo el precipitado negro de óxido mercurioso al mismo tiempo que las sales potásicas correspondientes. Agitamos durante cinco minutos el óxido con los cristales de las sales potásicas para formar
140 una sola substancia homogénea.

b). En una cápsula de hierro, fondo plano y mango, de 14 c/m de diámetro, se ponen dos partes de la solución concentrada de potasa por una parte de la substancia mercuriosa a). Al calentar la solución alcalina con la sal mercuriosa hay que tomar ciertas precauciones para evitar las <u>numerosas combinaciones poco disociadas</u> que el mercurio forma. Se evitan estos compuestos no disociados calentando primeramente la solución de potasa y añadiendo <u>poco a poco</u> la sal mercuriosa en el momento que el líquido está en ebullición. De este modo conseguimos que la citada sal mercuriosa sea totalmente disociable en sus iones, Reconoceremos enseguida si se han formado compuestos no disociados por las <u>sacudidas</u> que dá la cápsula de hierro al ponerla en el fuego.

En la ebullición <u>normal</u> del líquido alcalino con la sal se aprecia una variedad de colores muy interesante. Desde el verde al pardo, pasando por el rojo obscuro. Cuando se presenta este último color sacamos la cápsula del fuego y la dejamos enfriar.

c). Se calienta ligeramente la cápsula de hierro b) para desprender en un <u>solo bloque</u> la substancia solidificada. El bloque de potasa es vertido en un cristalizador y tratado directamente con el ácido nítrico puro. En esta **disolución** del bloque se forman los óxidos inferiores de nitrógeno dando lugar al ácido nitrosulfónico o sulfúrico al reaccionar los citados óxidos sobre el derivado hidroxilado del radical $SO_2(OH)$. Obtenemos de este modo un <u>precipitado amarillento</u> que no se disuelve ya en el ácido nítrico puro. El ácido nitrosulfúrico ha quedado inmediatamente transformado en ácidos sulfúrico y nitroso.

d). El <u>precipitado</u> c) se disuelve en la solución concentrada de potasa caústica y se repite la misma operación de la práctica b) hasta obtener de nuevo otro <u>bloque</u> sólido de potasa. El catalizador SO_4H_2 al reaccionar con el álcalis ha quedado convertido en SO_4K_2 mas H_2O.

e). El segundo bloque de potasa obtenido en la operación d) se trata directamente con el ácido nítrico puro hasta neutralizar totalmente el exceso de potasa. El precipitado obtenido en _solución ácida_ se coloca en una cápsula de porcelana con mango. Se evapora el exceso de ácido hasta conseguir la _fusión_ de una substancia de color rojo obscuro. Se deja enfriar y se añade después una pequeñísima cantidad de agua para que _el bloque de nitro_, en el que aparece _incrustada_ la materia rojo obscuro se desprenda de las paredes de la cápsula.

El aparato de campana Figura 1, sirve para producir en serie los bloques de nitro. En un recipiente de hierro colado hay un eje de hierro vertical que lleva a lo largo discos o platos horizontales _b_; se calienta la campana al rojo en un horno; los vapores desprendidos de los discos y los gases de la combustión salen por la chimenea _a_.

f). Los bloques de nitro se pulverizan y se mezclan con carbón finamente dividido. Se puede pulverizar y hacer al mismo tiempo la mezcla de carbón utilizando cualquier molino de los conocidos para este objeto.

g). El aparato de retorta Figura 2, sirve para producir las dos reacciones simultáneas siguientes:

$$SO_4K_2 + 4C = SK_2 + 4CO \text{ y}$$
$$2CO + O_2 = 2CO_2$$

Se calienta la retorta _a_ en un horno cuya rejilla es _b_; los _vapores de oro_ mezclados con otras matérias incandescentes pasan al recipiente _d_ que está lleno de agua. El tubo _c_ ha de estar separado de la superfície del agua unos dos o tres centímetros, aunque también se puede operar estando el tubo en contacto con el agua, pero en este último caso la reacción es mas violenta. Los gases de la combustión salen por la chimenea _f_.

Las materias incandescentes que _arden_ con hermosa llama por la reacción catalítica del óxido de carbono con el oxígeno

= 8 =.

205 se apagan y disuelven en el agua del recipiente d,y en la
retorta a encontramos los residuos que no se han volatilizado.
Tanto los productos recogidos en el recipiente d,como los
residuos de la retorta a,se lavan repetidas veces para obtener
la mayor cantidad posible de líquido aurífero con la solución
210 del ácido diluído.

Para poder observar la hermosa llama que se produce
al combinarse el óxido de carbono con el oxígeno hay que operar
primeramente en una cápsula de hierro sin tapadera alguna. Esta
reacción catalítica del óxido de carbono es de una importancia
215 enorme y conviene apreciar la velocidad con que se produce
para después operar en recipiente cerrado. En el aparato de
retorta no hay pérdida de materia,pues un noventa por ciento
de oro se recoge en el recipiente d y un diez por ciento entre
la retorta a y el que queda adherido en el interior del tubo
220 c.

h). El líquido acuoso obtenido en el aparato de retorta
nos sirve para producir la reacción del sulfhídrico al mismo
tiempo que obtenemos el hidrosol áurico. Estas reacciones
simultáneas se producen empleando cualquier ácido diluído. Con
225 la potasa caústica se separa de la solución el oro metálico.
Se filtra,se lava el precipitado y se calcina,pudiendo emplear
en la industria de la calcinación,el horno rotativo de Brückner,
Figura 3; está constituído por un hogar a delante del cual gira
un cilindro de plancha de hierro b,revestido interiormente de
230 piedra refractaria,movido por un motor que actúa sobre la corona
dentada c del cilindro reforzado por los arcos d; por la abertura
de carga e (letra que no aparece en el dibujo),se introduce el
polvo pardusco de oro,y al girar el cilindro se reparte mejor
gracias a la pared divisoria g provista de tubo f de refrigera-
235 ción de aire.

Calcinado el polvo pardusco se llega a un mayor grado
de división,y al tratar este polvo con el ácido nítrico concen-

= 9 =

trado, se obtiene una masa sólida de un hermoso color rojo púrpura que no se disuelve en el mismo ácido. Esta solución sólida de oro coloidal se produce con un gran desarrollo de calor.

En una evaporación lenta y espontánea del ácido nítrico, se obtiene el resíduo de un polvo finísimo y seco de un color <u>rojizo de púrpura</u>. Si ayudamos la evaporación con el fuego, el polvo finísimo y seco es de un amarillo claro sin brillo.

El final del procedimiento descrito está determinado en la obtención del polvo finísimo y seco de color rojizo de púrpura que conocen los químicos como oro puro. Ahora bien, el polvo pardusco se manifiesta en formas o fases distintas que no son conocidas, y es sabido que en el cambio de modo interviene solo <u>una</u> materia. Nosotros <u>disolvemos</u> el polvo de oro en la disolución del cianuro potásico <u>para reducir todas las fases presentes a una sola</u> en virtud de la acción recíproca de las materias que intervienen. De este modo obtenemos el oro en las mismas condiciones que en el Sur de África.

i). <u>PROCEDIMIENTO DE CIANURACION</u>. Tanto el polvo pardusco finamente subdividido, como el amarillo sin brillo, el rojizo de púrpura o la mezcla del tricloruro de oro y oro metálico, se pasan a unas cubas de madera provistas de un mecanismo agitador y se extraen en frio repetidas veces, procurando favorecer el contacto con el aire, con una solución acuosa de cianuro potásico de 0,6 a 1 por ciento; de este modo el oro se disuelve en forma de cianuroaurosopotásico,

$$KAu(CN)_2$$

gracias a las siguientes reacciones:

$$2Au + 4KCN + 2O + 2H_2O$$
$$= 2KAu(CN)_2 + 2KOH + H_2O_2$$
$$2Au + 4KCN + H_2O_2$$
$$= 2KAu(CN)_2 + 2KOH.$$

Es necesario emplear, para la extracción del oro, una cantidad de cianuro potásico mucho mayor que la que correspondería según

= 10 =

las anteriores ecuaciones por las razones de todos sabidas. De los líquidos que contienen el cianuroaurosopotásico formado se precipita el oro por medio del zinc:

$$2KAu(CN)_2 + Zn = 2Au + K_2Zn(CN)_4$$

o bien por medio de una corriente eléctrica empleando cátodos de plomo y ánodos de hierro.

N O T A.

Las reivindicaciones de esta invención son las siguientes:

1ª.= Por la obtención de los productos inestables del derivado hidroxilado del radical $SO_2(OH)$ y el ión monovalente $Au^{\cdot}$ que se forman cuando una sal mercuriosa se hace totalmente soluble en una solución muy concentrada de potasa caústica, en la que el ión mercurioso $Hg^{\cdot}$, que ya en esta disolución concentrada aparece en forma de ión doble divalente $Hg^{\cdot\cdot}_2$ se desdobla en los nuevos iones en cuestión que se mueven en el líquido en todas direcciones.

2ª.= Por las <u>reacciones intermedias</u> que se originan entre el ácido nítrico y el sulfuroso en sus relaciones estequiométricas de los productos intermedios inestables del SO_2 que desprende el ión doble divalente $Hg^{\cdot\cdot}_2$.

3ª.= Por la combinación del óxido de carbono con el oxígeno empleando como <u>catalizador</u> los productos intermedios e inestables del ácido nítrico y sulfuroso que se producen en la transformación química del ión doble divalente $Hg^{\cdot\cdot}_2$.

4ª.= Por el <u>calentamiento exterior</u> de la mezcla del óxido de carbono con el oxígeno para evitar la <u>total</u> volatilización de las materias que intervienen en esta reacción.

5ª.= Y la obtención de un líquido aurífero, de hermoso color azul intenso, como resultado de las conclusiones que anteceden.

6ª.= Por el empleo del procedimiento de la cianuración, para que dentro de la <u>variedad</u> del polvo de oro obtenido, reducir todas las fases a <u>una</u> sola y producir el metal amarillo en las condiciones del Sur de Africa.

= 11 =

7º.= Resumiendo: Se reivindica como de única y exclusiva invención del que suscribe, y como objeto sobre el que ha de recaer la patente de invención que se solicita por veinte años en España, por: "EL PROCEDIMIENTO DE LAS REACCIONES CATALÍTICAS QUE SE PRODUCEN CON LOS PRODUCTOS INESTABLES DE BIOXIDO DE AZUFRE QUE DESPRENDE EL ATOMO DE MERCURIO AL CONVERTIRSE EN ORO", Clase 16.

Todo conforme a lo dispuesto en el vigente Estatuto sobre Propiedad Industrial, y como queda descrito en la presente Memoria, que consta de once hojas mecanografiadas por una sola cara, y a título de ejemplo se representa en los dibujos que se acompañan.

Madrid, 18 de Mayo de 1932.
Por autorización del interesado.

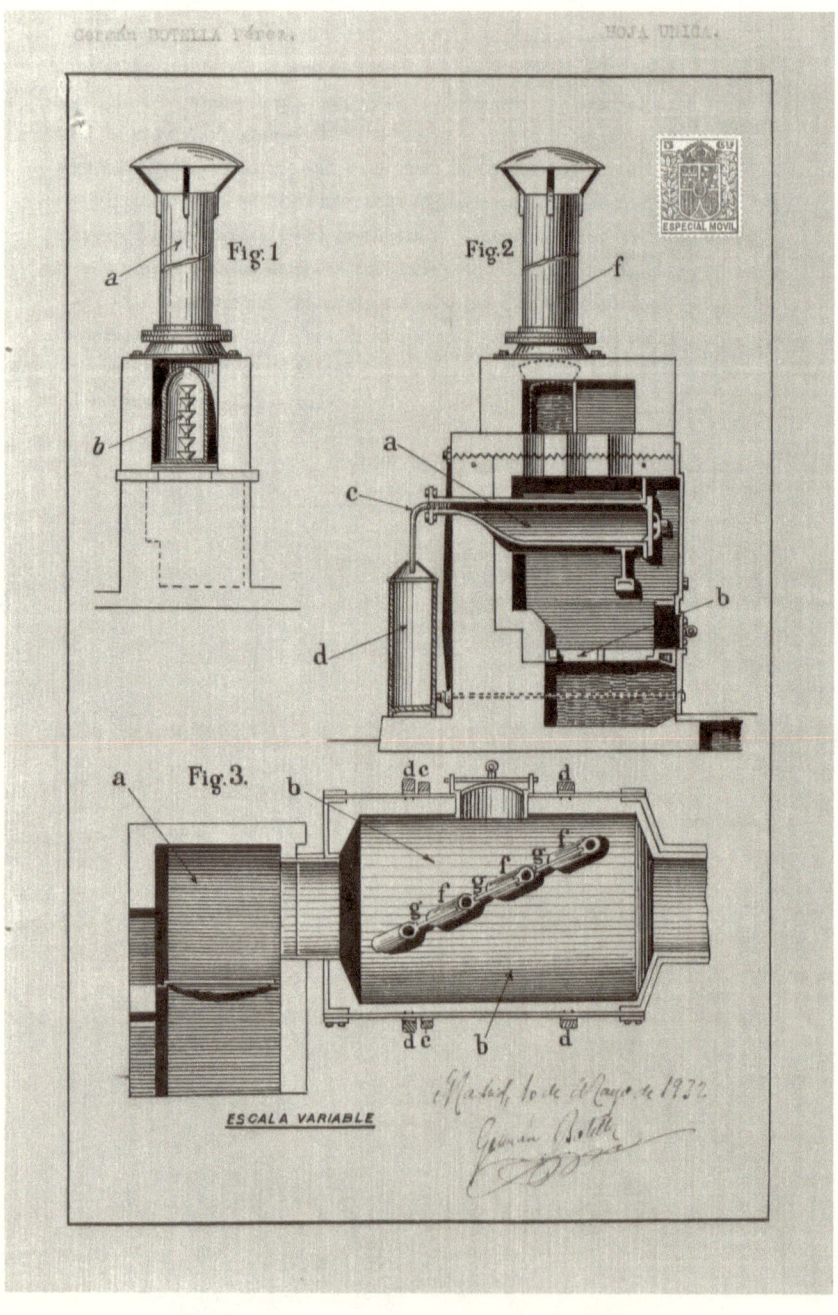

Patente de Invención 128648
18/11/1932
El procedimiento de las reacciones catalíticas que se producen con los productos inestables de bióxido de azufre que despende el átomo de mercurio al convertirse en oro

MEMORIA DESCRIPTIVA
que se acompaña a la solicitud de un primer
certificado de adición a la patente
de invención nº 126.605
a favor de
Don Germán BOTELLA Pérez, de nacionalidad española
residente en <u>Alicante</u>.
por:
"MEJORAS O PERFECCIONAMIENTOS INTRODUCIDOS EN EL OBJETO DE LA PATENTE PRINCIPAL", Clase 16., expedida en 19 de Mayo de 1932.
="=

AMPLIACION DE LOS FUNDAMENTOS CIENTIFICOS DEL PROCEDIMIENTO.
==

En la patente de invención nº 126.605, que desde el 19 de Mayo de 1932 tiene expedida a su favor el peticionario del presente certificado de adición, se establece el siguiente principio:

5 "Cuando una sal mercuriosa se hace totalmente soluble en una solución muy concentrada de potasa caústica, el ión mercurioso, $Hg^{.}$, que ya en esta disolución concentrada aparece en forma de ión doble divalente, $Hg^{..}_2$, se desdobla en el ión monovalente, $Au^{.}$ y productos inestables de SO_2; éste último
10 forma el derivado hidroxilado del mismo radical $SO_2(OH)$. Los nuevos iones en cuestión se mueven en el líquido en todas direcciones".

El principio fundamental que se indica está de acuerdo con la experiencia. Si simplemente decimos, que con
15 óxido mercurioso, hidrato de potasa y ácido nítrico, se obtiene

= 2 =.

el ácido nitrosulfúrico, esta afirmación resultará en contraposición con la experiencia y los principios químicos. Pero si se opera en las condiciones descritas en la "práctica de la operación" de la patente principal, y la sal mercuriosa queda totalmente disuelta en un bloque sólido de potasa, nos convenceremos enseguida, al romper este bloque, antes de su completo enfriamiento, y utilizando una herramienta punzante, que hay un desprendimiento a huevos podridos. Luego, si las materias empleadas han sido óxido mercurioso y potasa caústica, no cabe duda, que la sal mercuriosa es una sal de ácido débil. Esta aparición del sulfhídrico la comprobamos mas tarde en el desarrollo del procedimiento. Es cuando se obtiene el oro al mismo tiempo que hay un desprendimiento da azufre.

El principio científico del procedimiento resulta cierto por esta segunda experiencia:

La sal mercuriosa, en la proporción que se disuelve en la solución concentrada de potasa, desprende sulfhídrico al practicar la electrolisis del hidrato. Se produce una nube rojo violada, al mismo tiempo que se desprende sulfhídrico, cuando empleando dos alambres de acero como electrodos, éstos se desgastan al paso de la corriente eléctrica.

Se verifica entonces la transformación del hierro metálico en ión ferroso, a la vez que el ión hidrógeno se elimina como hidrógeno gaseoso, proceso representado por la igualdad siguiente:

$$Fe + 2H^{\cdot} = Fe^{\cdot\cdot} + H_2$$

Es una prueba de que el ión ferroso se ha producido con gran facilidad por que el hierro estaba recubierto con un ácido débil y mercéd al desgaste de los electrodos por la corriente eléctrica, el ácido de este tipo no ha reaccionado con el hierro tan lentamente.

En consecuencia, nuestro procedimiento estriba en obtener, principalmente, la sal mercuriosa totalmente disuelta

= 3 =.

en el bloque sólido de potasa. Reune este bloque, las propiedades características de una disolución semejante, teniendo en cuenta, que ni el ácido ni la base pueden considerarse totalmente neutralizados; así, pues, pueden observarse a la vez las reacciones de la base y las del ácido libre. Es como se explica, que al romper el bloque, se perciba el olor a huevos podridos.

EL BLOQUE DE POTASA.

En las formaciones sucesivas del bloque de potasa y en sus disoluciones ácidas hay como final de la evaporación del exceso de ácido, la precipitación de una materia rojo obscura, incrustada en el bloque de nitro que se forma por enfriamiento. Formando los bloques sólidos de potasa y disolviéndolos con el ácido nítrico concentrado, se produce, al mismo tiempo del ácido nitrosulfónico o nitrosulfúrico, el ácido sulfúrico y el sulfato potásico.

No han de extrañar que se produzcan estas tres reacciones simultáneamente, por cuanto, queda demostrado, que en el bloque de potasa, se halla totalmente disuelta la sal mercuriosa, y, por esta circunstancia, es evidente, la aparición del derivado hidroxilado del radical $SO_2(OH)$. Al disolver el bloque con el ácido, se forman los óxidos inferiores de nitrógeno, que dan lugar a la primera reacción e inmediatamente a la segunda y tercera, por que el sulfato potásico se produce con el exceso de potasa que contiene el bloque y que el ácido nítrico no puede disolver enseguida.

Se repiten los bloques y se disuelven, por que hay que tener presente, que la cantidad de ácido que reacciona es debido, al que quedó en libertad cuando el ácido y la base no quedaron completamente neutralizados en la fuerte hidrolisis. Y es un dato muy importante el exceso de nitro producido, que nos evidencia, de que las tres reacciones intermedias o secundarias arriba mencionadas, se han verificado totalmente

= 4 =.

dando lugar a la precipitación de la materia <u>rojo obscura</u>.

PRACTICA DE LA OPERACION.

Al enumerar la práctica de la operación en la patente principal, debemos hacer constar, que la operación indicada con la letra a), se refiere exclusivamente a la obtención del óxido mercurioso mezclado con las sales potásicas correspondientes, para formar una sola substancia homogénea de <u>color verde</u>. El papel que desempeñan estos cristales de sales potásicas es muy importante, pues, gracias a su acción <u>oxidante</u>, es facil conseguir la total disolución del óxido mercurioso en la solución alcalina concentrada. Basta con recordar las generalidades sobre los agentes de oxidación, estos es, de que todos los agentes de oxidación pueden considerarse, teóricamente cuando menos, en presencia del agua, como si fueran combinaciones hidroxiladas. De este modo es como formamos las combinaciones hidroxiladas del óxido mercurioso con la solución de potasa.

SIMPLIFICACION DEL PROCEDIMIENTO.

Se pueden emplear cristalizadores o cubas de acero que no sean atacadas por los ácidos, lo mismo que en la industria del nitrógeno. El progreso de ingeniería sobre el material de acero inoxidable es enorme. Manipulando con material de acero, se obtendrá, en un mismo recipiente, los bloques de potasa, a la vez que su disolución con el ácido, llegando hasta el final de la operación, esto es, hasta obtener el bloque de nitro sin necesidad de hacer trasiegos de substancias de un recipiente a otro.

En los trabajos de simplificación del procedimiento, operando en la forma aquí expuesta, hemos podido observar, que al disolver en los recipientes de acero el bloque de potasa con el ácido nítrico concentrado encontramos ya en el fondo del recipiente partículas metálicas de oro adheridas al hierro.

= 5 =.

EL BLOQUE DE NITRO.

El procedimiento descrito en la patente principal, queda todavía mas simplificado, descomponiendo, por medio del calor, el bloque de nitro.

La materia rojo obscura <u>precipitada</u> e <u>incrustada</u> en el nitro, es de oro. Pero esta materia <u>rojo obscura</u> va acompañada de una pequeñísima cantidad de sulfato potásico. Se consigue facilmente la fusión del nitro a 339º por que éste va mezclado de la materia rojo obscura. Precisamente el color rojo obscuro llega hasta ser purpúreo cuando se hace la fusión del nitro y obtenemos toda una substancia líquida a la temperatura de 339º. Pero es que cuando se eleva esta temperatura, el nitro se transforma en nitrito potásico, perdiendo oxígeno.

En este momento los compuestos nitrogenados se reducen por el ácido sulfuroso y se oxidan después por el aire, repitiéndose alternativamente ambos procesos. El bloque de nitro es últimamente descomponible por el calor en óxido, nitrógeno y oxígeno, pero antes de sufrir dicha descomposición final aparecen los nitritos. En concreto, exceptuando el oro, el bloque de nitro absorbe oxígeno formando óxido y materias volátiles. Y cuando la materia <u>rojo obscura</u> no aparece ya líquida a la temperatura superior a 339º, sin llegar a su punto de fusión, será por que todas las materias volátiles desaparecieron quedando únicamente el oro. Nos cercioraremos de este final de la operación, por que la citada materia rojo obscura no es disuelta en el ácido nítrico concentrado y caliente.

El horno rotativo de Brückner nos puede servir para una <u>tostación</u>, de 200 kilos de bloques de nitro. En esta tostación se obtienen óxidos que son muy poco atacados por el cloro. Por esta razón, nos limitamos, tan solo, a obtener un <u>barro</u>, sometiendo la materia <u>rojo obscura</u> al

= 6 =.

cloro gaseoso, agua de cloro, o, simplemente al agua regia, neutralizando después con un alcalis. De este modo el barro es sometido a la cianuración descrita en la patente principal.

En unas experiencias practicadas en la Escuela Central de Ingenieros Industriales, ante una comisión técnica del Estado, la cianuración no se verificó en la forma detallada en la patente antes citada. Se empleó la solución hirviente concentrada de cianuro potásico, hasta que el líquido se hizo totalmente incoloro, obteniendo de este modo el cianuroauricopotásico. Es decir, se empleó la cianuración como procedimiento de análisis químico.

En la página 5 de la patente principal, entre las líneas 115 a 125, al hablar de la adición de potasa cáustica, que separa de la solución oro metálico en forma de polvo insoluble, pardusco, debemos hacer constar, que no precisa emplear el alcalis, por cuanto se puede recoger el polvo azúl que se forma.

El polvo pardusco calcinado durante una hora, al tratarlo con el agua regia, nos dá una mezcla, en proporciones variables, de tricloruro de oro y oro metálico; pero hemos de hacer también la observación siguiente:

Si el polvo pardusco no está muy finamente dividido (por haber calcinado el polvo juntamente con papel de filtro grueso), se presenta la reacción señalada por J. Thomson y E. Petersen de bicloruro de oro

$$Au\,Cl_2 \text{ ó } Au_2Cl_4$$

puesto que aparece este último cuerpo de color rojo obscuro, delezhable é higroscópico. En este caso no hay precipitación metálica de oro y el cuerpo de color rojo obscuro es en parte disuelto en el agua regia en frio, y totalmente en caliente. Neutralizando con un alcalis se forma el barro de facil cianuración.

N O T A.

En resúmen:

= 7 =

Reivindico como de mi única y exclusiva invención y como
objeto sobre el cual ha de recaer el primer certificado de
adición a la patente de invención nº 126.605, que se solicita,
las particularidades características de las siguientes
REIVINDICACIONES:

1ª.= La precipitación de una materia rojo obscura,
que es de oro, incrustada en el bloque de nitro. La incrustación del oro se forma al fundir el nitro a 339º y la precipitación sobreviene por enfriamiento. Reivindico este resultado
final, a la vez, que reivindico la sal mercuriosa que queda
totalmente disuelta en un bloque sólido de potasa, y, que por
esta circunstancia, nos evidencia, la aparición de compuestos
inestables del derivado hidroxilado del radical $SO(CH)_2$,
como consecuencia a la fuerte hidrolisis experimentada por
la sal mercuriosa. Formando los bloques sólidos de potasa
y disolviéndolos con el ácido nítrico concentrado, se produce,
al mismo tiempo del ácido nitrosulfúrico o nitrosulfónico,
el ácido sulfúrico y el sulfato potásico; reacciones todas
ellas que corresponden al tipo catalítico, o sea, a reacciones
intermedias o secundarias. En estas formaciones sucesivas
del bloque de potasa y en sus disoluciones ácidas, se obtiene
el bloque de nitro en las condiciones que quedan reivindicadas y juntamente con los compuestos inestables de las
reacciones intermedias producidas.

2ª.= La materia rojo obscura que no es disuelta
en el ácido nítrico concentrado y caliente; resultado que se
obtiene, cuando el bloque de nitro, es descompuesto por el
calor en óxido, nitrógeno y oxígeno, apareciendo los nitritos
antes de dicha descomposición final. Exceptuando al oro, el
bloque de nitro absorbe oxígeno formando óxidos y materias
volátiles.

3ª.= El barro de fácil cianuración, que se
obtiene, cuando la materia rojo obscura, es sometida al
cloro gaseoso, agua de cloro, o, simplemente al agua regia,

= 8 =.

neutralizando después con un álcalis. Tanto las particularidades reivindicadas en la anterior conclusión, como en esta última, constituyen, a la vez, una prueba de reconocimiento del oro, que queda afirmado, al emplear la solución <u>concentrada</u> de cianuro potásico.

4ª.= "MEJORAS O PERFECCIONAMIENTOS INTRODUCIDOS EN EL OBJETO DE LA PATENTE PRINCIPAL", Clase 16.

Todo conforme a lo descrito en la presente Memoria que consta de ocho hojas mecanografiadas por una sola cara, y a los fines que se han especificado.

Madrid, 7 Diciembre de 1932.

Por autorización del interesado.

Patente de Invención 130002
18/03/1933
El procedimiento de las reacciones catalíticas que se producen con los productos inestables de bióxido de azufre que desprende el átomo de mercurio al convertirse en oro

MEMORIA DESCRIPTIVA
que se acompaña a la solicitud de un segundo
certificado de adición a la patente de
invención nº 126.605
a favor de
Don Germán BOTELLA Pérez, de nacionalidad española
residente en Alicante
por:
"MEJORAS O PERFECCIONAMIENTOS INTRODUCIDOS EN EL OBJETO DE
LA PATENTE PRINCIPAL" Clase 16, expedida en 19 de Mayo de 1932.

LA FORMACION DEL BLOQUE DE NITRO.

El procedimiento descrito en la patente principal número 126.605, expedida en 19 de Mayo de 1932, quedó simplificado con el primer certificado de adición número 128.648 del 19 de Diciembre del mismo año. Al tratar de simplificar el procedimiento hemos podido observar, que bastará, un solo bloque de potasa para llegar al de nitro. La descomposición del bloque de nitro por vía húmeda, nos conduce a obtener el hidrosol áurico, de hermoso color azul, sin necesidad de producir la deflagración del citado bloque con el carbón. Prescindimos por completo de la reacción catalítica caracterizada por la combinación del óxido de carbono con el oxígeno.

LA DISOLUCION DE LA SAL MERCURIOSA.

En el procedimiento práctico de fabricación del oro, se ha podido observar, que desde un principio hay la formación de unos cristales de nitro que retienen mecánicamente porciones de las aguas madres, es decir, de la disolución de la sal

= 2 =.

mercuriosa donde se han formado. Estos cristales al crecer dejan huecos que después se recubren y se cierran. Las inclusiones líquidas son las de la sal mercuriosa; por tanto, el nitro así constituído contiene la substancia mercuriosa que en realidad forman los cristales. La formación de estas inclusiones líquidas son las que vienen a desempeñar un papel importantísimo. Como no se deben obtener cristales grandes, sinó, por el contrario, cuanto mas pequeños mejor, llegamos de este modo a obtener únicamente una materia rojo obscura que es una mezcla de nitro y de la sal mercuriosa.

Para poder fijar con entera exactitud, el procedimiento práctico de fabricación del oro, conviene recordar, que al producirse simultáneamente el ácido nitrosulfúrico, ácido sulfúrico, y sulfato potásico, todos estos compuestos químicos, guardando sus relaciones estequiométricas, lo mismo que se forman se descomponen, puesto que se tratan de reacciones intermedias o secundarias. En la descomposición del bloque de potasa con el ácido nítrico, vemos el azufre sobrenedando en los líquidos de la descomposición. Pero cuando el nitro funde mezclado con la sal mercuriosa, el azufre, como elemento simple, queda convertido en sulfato potásico. El nitro fundido y caliente hace arder al azufre produciendo una luz vivísima; el azufre se transforma en sulfato potásico y se desprenden los derivados oxigenados inferiores del nitrógeno en forma de vapores rojizos. El sulfato potásico es un compuesto muy estable que ya no se descompone lo mismo que se ha formado. Pero el azufre vuelve de nuevo a actuar como elemento simple, tan pronto como se descomponen el bloque de nitro. No actúa el compuesto de sulfato potásico.

LA MEZCLA DEL BLOQUE DE NITRO CON EL CARBON.

Yo prescindo de esta mezcla del bloque de nitro con el carbón, por que después de un estudio muy detenido de la deflagración del nitro, he llegado a las siguientes conclusiones:

= 3 =.

Primera. En la mezcla del bloque de nitro con el carbón pulverizado, hay una combinación del carbono y el azufre con el oxígeno del nitro; a la vez se produce óxido de carbono y óxido de nitrógeno en estado gaseoso, y el aumento repentino del volúmen y de la presión que la reacción produce, determina la acción rompedora y explosiva de la mezcla en cuestión.

Segunda. Al hacer arder el bloque de nitro con el carbón, el azufre vuelve de nuevo a actuar como elemento simple. Por esta razón, se obtienen los tres componentes de la pólvora que no se mezclan en proporciones adecuadas, pero que responden a que la reacción principal se verifique según la igualdad

$$2NO_3K + S + 2C = SO_4K_2 + N_2 + 2CO \text{ y}$$

Tercera. La formación del bloque de nitro puede contener cantidades relativamente grandes de hidrógeno. Depende de que el bloque esté mas o menos calcinado. Un bloque muy calcinado, exento por completo de substancia blanca, y en el que no aparece mas que la materia rojo obscura, no puede dar sulfuro potásico. Por el contrario, si el bloque no está suficientemente calcinado, y hay exceso de hidrógeno, la reacción del sulfhídrico, con la hermosa espuma azul de efervescencia, que caracteriza la producción del hidrosol áurico, se verifica muy ténuamente.

De esto, se deduce, que la reacción

$$2NO_3K + S + 2C = SO_4K_2 + N_2 + 2CO$$

se aparta, mas o menos de lo indicado en la igualdad, formándose, en particular, sulfato potásico, y combinaciones menos oxigenadas, de sulfuro potásico. De ahí, el no poder obtener con completa seguridad, un hidrosol áurico de azul intensísimo. Además, con la deflagración del bloque hay una gran merma en el procedimiento de fabricación. A subsanar todas estas dificultades es a lo que tiende este segundo certificado de adición.

OBTENCION DEL ACIDO SULFOCIANHIDRICO.

PRACTICA DE LA OPERACION. Empleamos un bloque de nitro

= 4 =.

muy calcinado, exento de substancia blanca. Después de pulverizado el bloque, lo disolvemos en agua regia caliente y evaporamos lentamente hasta sequedad. El <u>resíduo amarillo</u> lo tratamos con una solución de cianuro potásico al 2% hasta reacción alcalina y añadimos después unas gotas del agua regia. Se obtiene enseguida un polvo insoluble, de color negro azulado en el líquido ácido. Lavamos varias veces este precipitado de oro y decantamos el agua hasta obtener reacción neutra en el líquido de los lavados. Desecamos el polvo y fundimos con borax y nitro.

ACLARACION. La precipitación metálica de oro en forma de polvo insoluble, de color negro azulado, se obtiene espontáneamente del líquido azul intenso por las circunstancias de que el citado líquido aparece en solución ácida que determina esta precipitación. El hidrosol áurico que obtenemos tiene todas las propiedades de los coloides. Las condiciones en que se efectúa la reducción del oro, son las siguientes:

El <u>resíduo amarillo</u> que obtenemos como resultado de la disolución de la substancia <u>rojo obscura</u> en el agua regia contiene <u>azufre</u> con un compuesto del mismo. Nosotros disolvemos el <u>resíduo amarillo</u> con la solución de cianuro y calentamos cuando la reacción es ya alcalina. Al calentar el azufre con la disolución de cianuro, se obtiene un líquido conteniendo una sal cuya fórmula es $CNSMe$, y en el caso del cianuro potásico, $CNSK$., es decir, obtenemos el <u>rodanato potásico</u>.

Para producir el hidrosol áurico, de hermoso color azul intenso, hay que tener presente en el momento que aparece el <u>rodanato potásico</u>. Aparece el rodanato después de calentar el azufre con la disolución de cianuro. La composición de estas combinaciones es enteramente análoga a la de los derivados ciánicos, solo que en lugar de oxígeno contiene azufre. El líquido <u>azul intenso</u>, se presenta, al añadir las gotas del ácido. Se produce enseguida el ácido <u>sulfocianhídrico</u> o <u>sulfociánico</u> que se diferencia del ciánico por ser mucho mas estable. Con la solución que lo contiene se separa dicho ácido del precipitado

= 5 =.

de oro.

El rodanato potásico precipita juntamente con el oro, y al producir el ácido sulfocianhídrico obtenemos una disolución acuosa de dicho ácido que nos sirve para separarlo del precipitado de oro.

Alcalinizando el líquido azul, se forma de nuevo sulfuro alcalino, que da lugar a los thiosales de fórmula SAuM, solubles en agua. Es decir, se produce una combinación del oro con el sulfuro y la solución es totalmente incolora. El fenómeno es idéntico al que se presenta cuando verificamos la fusión del oro con un sulfuro alcalino. El oro fundido se hace soluble por que precisamente se forman thiosales.

Al disolver en el agua regia la materia rojo obscura, se descomponen los carbonatos y nitratos que aparecen mezclados con dicha substancia obscura. El sulfato potásico se transforma en sulfato ácido de potasio o bisulfato potásico. Esta substancia, por su acción química muy intensa, constituye un gran poder disolvente para los óxidos básicos que precipitan juntamente con el oro. La solución de cianuro potásico deja ya en libertad al oro de todas las materias extrañas que le acompañaban, y es interesante observar, en estas condiciones, la acción que ejerce el cianuro sobre el resíduo amarillo. El cianuro potásico disuelve el precipitado amarillo dejando primeramente el líquido incoloro. Con un exceso de reactivo, se forma ya el sulfuro alcalino. Es entonces cuando hay una reducción del oro debido al sulfuro que se forma al mismo tiempo. Y en esta reducción, se observan los colores característicos del metal amarillo.

El oro reducido precipita juntamente con el sulfuro alcalino, pero como son compuestos que se descomponen rápidamente bajo la acción de los ácidos, o, por oxidación en contacto con el aire, nos es facil eliminar los citados compuestos para obtener el oro puro.

Por último, debemos hacer constar lo siguiente:

En la formación de los bloques de potasa hemos

= 6 =.

utilizado capsulas de hierro fundido, esmaltadas interiormente. De este modo, nos ha bastado desprender el bloque y dejarlo en la misma capsula para atacarlo con el ácido.

Tambien el bloque de nitro nos ha sido facil desprenderlo de la capsula de hierro, calentando previamente la capsula, y vertiendo el bloque golpeando sobre el suelo.

N O T A.

En resúmen: El procedimiento de fabricación del oro, que reivindico en la patente principal nº 126.605, expedida a mi favor con fecha 19 de Mayo de 1932, y en el primer certificado de adición número 128.648, como de mi única yeexclusiva invención y como objeto sobre el cual han recaido la citada patente y certificado, se halla ahora unificado y sintetizado con el segundo certificado de adición que se solicita, introduciendo las nuevas reivindicaciones que a continuación se detallan:

(1). Proceso de tratamiendo del mercurio o una sal de mercurio para la producción de oro por transmutación, caracterizada por el hecho de que el nitrato mercurioso es sometido a una solución muy concentrada de potasa cáustica; el resultado de nitrato potásico y óxido mercurioso, mezclados juntamente, se calientan después con solución concentrada de potasa cáustica para formar una masa sólida por enfriamiento. La masa sólida se disuelve con ácido nítrico puro, y el exceso de ácido se evapora, precipitando una substancia rojo obscura que queda incrustada en el bloque de nitrato de potasio formado.

(2). Proceso de acuerdo con (1) demanda, en que el producto de precipitación de la primera masa solidificada y tratada con el ácido nítrico concentrado, se disuelve con la solución de potasa cáustica concentrada, y empleando el tratamiento de esta mezcla, formar una segunda masa, que después de solidificada, es disuelta con el ácido nítrico puro, determinando la precipitación de la substancia rojo obscura incrustada en el

= 7 =

nitrato potásico.

(3). Proceso de acuerdo con las demandas (1) y (2), en que la substancia rojo obscura incrustada en el nitrato potásico,es fuertemente calcinada. Como resultado de esta calcinación,se obtiene únicamente la materia rojo obscura, que después de pulverizada,la disolvemos en el agua regia en caliente,y evaporamos lentamente hasta sequedad. El residuo amarillo es tratado con una solución de cianuro potásico al 2% hasta conseguir la precipitación metálica del oro en solución alcalina.

(4). Proceso de acuerdo con la demanda (3),en que el oro precipitado,y con la solución de cianuro,se calienta para añadir después unas gotas del agua regia. Se obtiene enseguida la precipitación del metal en forma de un polvo insoluble,de color negro azulado y en solución ácida.

(5). Proceso de acuerdo con todas las precedentes demandas, en que el polvo insoluble,de color negro azulado,es lavado varias veces con agua y se decantan los lavados hasta obtener reacción neutra. Se deseca el polvo y se funde con una mezcla de borax y nitro,y

(6). "MEJORAS O PERFECCIONAMIENTOS INTRODUCIDOS EN EL OBJETO DE LA PATENTE PRINCIPAL", Clase 16,expedida en 19 de Mayo de 1932.

Todo conforme a lo descrito en la precedente Memoria que consta de siete hojas mecanografiadas por una sola cara y a los fines que se han especificado.

Madrid,18 de Marzo de 1933.

Por autorización del interesado.

Modesto Polo

Patente de Invención 137904
11/04/1935
Procedimiento de obtención de una materia rojo-oscura incrustada en un bloque de nitro y que se forma en las reacciones del radical SO(OH) originadas en las reacciones con las sales mercuriosas

187904

PATENTE DE INVENCION

por veinte años en España

a favor de

Don Germán Botella Pérez, de nacionalidad española

residente en Alicante

por:

" EL procedimiento de obtención de una materia rojo-obscura incrustada en un bloque de nitro, y que se forma en las reacciones del radical $SO_2(OH)$ originadas con las sales mercuriosas ". Clase 16

=:=

MEMORIA DESCRIPTIVA

FUNDAMENTOS CIENTIFICOS

Hace tres años, tuve el atrevimiento de publicar unas experiencias de desintegración atómica del mercurio, apartándome por completo de las ideas dominantes. Hoy son ya muy pocos los que dudan de esta desintegración del mercurio a pesar de que no vá acompañada de fenóme-
5 nos secundarios de gran violencia e intensidad. Hemos visto, como por nuestro descubrimiento, se ha derribado una de las teorías que más apasionaban a los físicos y que servía de obstáculo para emprender nuevas investigaciones. La " teoría de la desintegración atómica " - unida a los nombres de Rutherford y Soddy - ha sido desterrada después de los
10 trabajos que hemos dado a conocer, y su derrumbamiento la ha provocado uno de sus mismos autores.

En la desintegración del mercurio no se presentan esos fenómenos que, en conjunto, se denominan " radioactividad ". Y sin embargo, el átomo de mercurio desprende provocadamente productos inestables de
15 bióxido de azufre, lo mismo que cualquier elemento radioactivo, en su proceso de desintegración, produce átomos de otros elementos.

La desintegración de un elemento no radioactivo, tal y como nosotros la hemos dado a conocer, ha producido entre los físicos y químicos un cierto asombro y desconcierto. Nosotros no hemos prescindido de
20 los antiguos medios de expresión y representación de la afinidad y de la valencia, para explicar estos nuevos procesos de desintegración ató-

— 2 —

mica: " Cuando una sal mercuriosa se hace totalmente soluble en una solución muy concentrada de potasa cáustica, el ión mercurioso, Hg·, que ya en esta disolución concentrada aparece en forma de ión doble divalente, Hg··$, se desdobla en el ión monovalente, Au· y productos inestables de SO_2; este último forma el derivado hidroxilado del mismo radical $SO_2(OH)$. Los nuevos iones en cuestión se mueven en el líquido en todas direcciones ".

Demostramos esta desintegración de un elemento no radioactivo valiéndonos de los medios de naturaleza puramente formal. Y así es, como se completa y mejora el material experimental; porque el verdadero valor de una teoría únicamente puede apreciarse por sus éxitos prácticos. Ahora bien: el fallo de la Sala tercera del Tribunal Supremo de 29 de Noviembre de 1.934, absolviendo a la Administración pública y rechazando nuestro recurso contencioso, nos impide completar esta obra. Hoy por hoy nos conformamos con obtener, como arriba se indica, " una materia rojo-obscura incrustada en un bloque de nitro como resultado de las reacciones químicas del radical $SO_2(OH)$ que se originan con las sales mercuriosas ".

Los técnicos ingleses, al examinar la patente española 126.605, vieron, especialmente, a los descubrimientos que conducía y a la amplitud de sus aplicaciones cuantitativas. No está en nosotros el juzgar el mérito de estos descubrimientos científicos que se derivan del nuestro ni en convencer de que nuestra teoría, al establecerla, fuera completa. Dimos los resultados de una obra preliminar para otra ulterior más definitiva. Este trabajo experimental, definitivo, paciente y minucioso, encierra en sí el germen de otros resultados nuevos, mejores aún.

De momento, unicamente podemos fundamentar los nuevos progresos experimentales recurriendo a la siguiente

PRACTICA DE LA OPERACION

a). En un cristalizador se ponen 1.000 gramos de mercurio metálico, y se añaden otros 1.000 gramos de ácido nítrico puro. El nitrato mercurioso, NO_3Hg, que se obtiene, cristaliza en frío porque la solución contiene dicho ácido en exceso. Se hace actuar una disolución muy concentrada de potasa cáustica (lo más concentrada a la temperatura y pre-

sión normal) sobre la sal mercuriosa. El óxido mercurioso u oxidulo de mercurio, Hg_2O, se disuelve con el ácido nítrico puro y se neutraliza con la solución de la potasa concentrada. Se obtiene de nuevo el precipitado negro de óxido mercurioso al mismo tiempo que las sales potásicas correspondientes. Agitamos durante cinco minutos el óxido con los cristales de las sales potásicas para formar una sola substancia homogénea.

b). En una cápsula de hierro, fondo plano y mango, de 14 c/m de diámetro, se ponen dos partes de la solución concentrada de potasa por una parte de la substancia mercuriosa a). Al calentar la solución alcalina con la sal mercuriosa hay que tomar ciertas precauciones para evitar las numerosas combinaciones poco disociadas que el mercurio forma. Se evitan estos compuestos no disociados calentando primeramente la solución de potasa y añadiendo poco a poco la sal mercuriosa en el momento en que líquido está en ebullición. De este modo conseguimos que la citada sal mercuriosa sea totalmente disociable en sus iones. Reconoceremos enseguida si se han formado compuestos no disociados por las sacudidas que dá la cápsula de hierro al ponerla en el fuego.

En la ebullición normal del líquido alcalino con la sal se aprecia una variedad de colores muy interesantes. Desde el verde al pardo, pasando por el rojo obscuro. Cuando se presenta este último color sacamos la cápsula del fuego y la dejamos enfriar.

c). Se calienta ligeramente la cápsula de hierro b). para desprender en un solo bloque la substancia solidificada. El bloque de potasa es vertido en un cristalizador y tratado directamente con el acido nítrico puro. En esta disolución del bloque se forman los óxidos inferiores de nitrógeno, dando lugar al ácido nitrosulfónico o sulfúrico al reaccionar los citados óxidos sobre el derivado hidroxilado del radical $SO_2(OH)$. Obtenemos de este modo un precipitado amarillento que no se disuelve ya en el ácido nítrico puro. El ácido nitrosulfúrico ha quedado inmediatamente transformado en ácidos sulfúrico y nitroso.

d). El precipitado c) se disuelve en la solución concentrada de potasa cáustica y se repite la misma operación de la práctica b) hasta obtener de nuevo otro bloque sólido de potasa. El catalizador SO_4H_2 al reac-

90 cionar con el alcális, ha quedado convertido en SO_4K_2 más H_2O.

e). El segundo bloque de potasa obtenido en la operación d) se trata directamente con el ácido nítrico puro hasta neutralizar totalmente el exceso de potasa. El precipitado obtenido en <u>solución ácida</u> se coloca en una cápsula de porcelana con mango. Se evapora el exceso de
95 ácido hasta conseguir la <u>fusión</u> de una substancia de color rojo obscuro. Se deja enfriar y se añade después una pequeñísima cantidad de agua para que el <u>bloque de nitro</u>, en el que aparece <u>incrustada</u> la materia rojo obscuro, se desprenda de las paredes de la cápsula.

De esta práctica, los químicos alemanes - dedujeron - la impo-
100 sibilidad de que con óxido mercurioso, hidrato de potasa y ácido nítrico se obtuviera el ácido nitro-sulfúrico. En efecto, tal y como se me hacía la objeción parecía un absurdo. Pero al describir con más minuciosidad estas operaciones químicas, lo que parecía un absurdo para los alemanes ya no lo era para los <u>técnicos ingleses</u> que admitían,
105 sin vacilación, los fundamentos experimentales del procedimiento.

En la " práctica de la operación " demostramos que la sal mercuriosa queda <u>totalmente</u> disuelta en un <u>bloque sólido de potasa</u>. Si rompemos este bloque, antes de su completo enfriamiento, y utilizando una herramienta punzante, percibimos enseguida un olor a huevos podri-
110 dos. Luego, si las materias empleadas han sido óxido mercurioso y potasa cáustica, no cabe duda, que la sal mercuriosa es una sal de ácido débil. Esta aparición **del sulfhídrico** la comprobamos de diversos modos.

La sal mercuriosa en la proporción que se disuelve en la solu-
115 ción <u>concentrada</u> de potasa, desprende sulfhídrico. Basta practicar la electrolisis de este hidrato. Se produce una nube <u>rojo violada</u>, al mismo tiempo que se desprende sulfhídrico, cuando empleando dos alambres de acero como electrodos, éstos se desgastan al paso de la corriente eléctrica.

120 Se verifica entonces la transformación del hierro metálico en ión ferroso, a la vez que el ión hidrógeno se elimina como hidrógeno gaseoso, proceso representado por la igualdad siguiente:

$$Fe + 2H^· = Fe^{··} + H_2$$

— 5 —

Es una prueba de que el ión ferroso se ha producido con gran facilidad, porque el hierro estaba recubierto con un ácido débil, y merced al desgaste de los electrodos por la corriente eléctrica, el ácido de este tipo no ha reaccionado con el hierro tan lentamente.

Como se vé, los químicos no necesitan en la actualidad prescindir de los trazos representativos de las valencias, los parentesis que separan los grupos atómicos, etc, para darse exacta cuenta de la desintegración de un elemento no radioactivo. Y esta desintegración se manifiesta en la sal mercuriosa totalmente disuelta en el bloque sólido de potasa. Reune este bloque las propiedades características de una disolución, teniendo en cuenta, que ni el ácido ni la base pueden considerarse totalmente neutralizados; así pués, pueden observarse a la vez las reacciones de la base y las del ácido libre. Es como se explica, que al romper el bloque se perciba el olor a huevos podridos.

=/=/=/=/=/=/=/=/=/=/=/=/=/=/=/=/=/

LA DESINTEGRACION DE UN ELEMENTO NO RADIOACTIVO

Hemos conseguido la modificación voluntaria de la desintegración atómica. En las formaciones sucesivas del bloque de potasa y en sus disoluciones, ácidas hay como final de la evaporación del exceso de ácido, la precipitación de una materia rojo-obscura incrustada en el bloque de nitro que se forma por enfriamiento. No hay en esta desintegración esas enormes cantidades de energía que quedan libres en otras desintegraciones atómicas. Formando los bloques sólidos de potasa y disolviendolos en el ácido nítrico concentrado, se produce al mismo tiempo del ácido nitrosulfónico ó nitrosulfúrico, el ácido sulfúrico y el sulfato potásico. La importancia de los mismos se extiende mucho más allá de su dominio propio, permitiendonos alcanzar una visión cierta de la desintegración atómica del mercurio.

No han de extrañar que se produzca estas tres reacciones simultáneamente, por cuanto, queda demostrado, que en el bloque de potasa, se haya totalmente disuelta la sal mercuriosa, y, por es-

= 6 =

ta circunstancia, es evidente, la aparición del derivado hidroxilado del radical SO_2 (OH). Al disolver el bloque con el ácido, se
forman los óxidos inferiores de nitrógeno, que dan lugar a la primera reacción e inmediatamente a la segunda y tercera. Y es que
el sulfato potásico se produce en el exceso de potasa que contiene el bloque y que el ácido nítrico no puede disolver enseguida.

Todos estos brillantes resultados ponen en evidencia un
hecho negado durante mucho tiempo. La transformación de un elemento químico no radioactivo en otro tambien no radioactivo.

Y esta transformación de un elemento no radioactivo se ha
conseguido en los bloques de potasa. Se repiten la formación de
los bloques y se disuelven, porque hay que tener presente, que la
cantidad de ácido que reacciona, es debido, al que quedó en libertad cuando el ácido y la base no quedaron completamente neutralizados en la fuerte hidrolisis. Y es un dato muy importante
el exceso de nitro producido, que nos evidencia de que las tres
reacciones intermedias o secundarias arriba mencionadas, se han
verificado totalmente, dando lugar a la precipitación de la mate-
ría rojo-obscura.

En el procedimiento que hemos descrito para la obtención
de una materia rojo-obscura incrutsada en un bloque de nitro
partiendo del óxido mercurioso mezclado con las sales potásicas
correspondientes, se hace observar diversos aspectos del procedimiento que conviene muy bien precisar:

Primero.- La mezcla del óxido mercurioso con las sales potasicas forman una substancia homogenea de color verde. El papel
que desempeñan estos critsales de sales potásicas es muy importante, pués, gracias a la acción oxidante, es fácil conseguir la total disolución del óxido mercurioso en la solución alcalina concentrada. Basta con recordar las generalidades sobre los agentes
de oxidación, esto es, de que todos los agentes de oxidación pueden considerarse, teoricamente y cuando menos, en presencia del
agua, como si fueran combinaciones hidroxiladas. De este modo, es
como formamos las combinaciones hidroxiladas del oxido mercurioso

— 7 —

en la solución de potasa, y

Segundo.- La materia rojo-obscura **precipitada** e **incrustada** en el **nitro**, es de ORO. Al hacer esta afirmación, téngase en cuenta, que la hacemos como el resultado previo de otro ulterior más definitivo. Este bloque de nitro - constituido por la materia rojo-obscura - contiene una pequeñísima cantidad de sulfato potásico, como vamos a demostrar.

La fusión del nitro se consigue facilmente a 339º. Este nitro, vá mezclado con la materia rojo-obscura. Y precisamente el color rojo-obscuro llega a ser **purpúreo** cuando se hace la fusión del nitro. Entonces aparece una substancia líquida más allá de la temperatura de 339º. Al elevar la temperatura, el nitro se tranforma en nitrito potásico, perdiendo óxigeno. Cuando la temperatura llega al rojo vivo el nitrito se descompone en óxido, nitrógeno y óxigeno. Y sin embargo, la materia purpúrea no absorbe oxigeno, y ha llegado por completo a perder su volatilidad a estas altas temperaturas.

=/=

C O N C L U S I O N E S

Sin necesidad de producir la deflagración del bloque de nitro con el carbón, hemos percibido el olor a huevos podridos, como consecuencia a la disolución **total** de las sales mercuriosas en una solución muy concentrada de potasa cáustica. Esta reacción del sulfhídrico producida con el bloque de nitro y el carbón, la Comisión de Experiencias que nombró el Estado español, la atribuyó a falaces productos de experimentos defectusoso. No estaba la Comisión completamente convencida de que se había producido una desintegración del átomo de mercurio. Pero al señalar nosotros otros procedimientos en que se evidenciaba el desprendimiento de gás sulfhídrico, la Comisión ya no quiso rectificar de lo que anteriormente habían dicho. Fueron los técnicos ingleses quienes consideraron la inutilidad de mayores aclaraciones sobre un hecho bien comprobado.

En el proceso de desintegración del átomo de mercurio no se ha podido comprobar la radioactividad. Y sin embargo, existe esta desinte-

— 8 —

gración atómica del mercurio, como se ha podido confirmar por diversos métodos experimentales de mi invención.

Prácticamente, en la formación de la sal mercuriosa hay unos <u>cristales</u> de nitro que retienen mecánicamente porciones de las <u>aguas madres</u>. Es decir, de la disolución de la sal mercuriosa donde se han formado. Estos cristales al crecer dejan huecos que después se recubren y se cierran. Las inclusiones líquidas son las de la sal mercuriosa; por tanto, el <u>nitro</u> así constituido contiene la substancia mercuriosa que en realidad forman los cristales. La <u>formación</u> de estas inclusiones líquidas desempeñan un papel importantísimo <u>iniciando</u> el proceso de desintegración. Como no se deben obtener cristales grandes, sino, por el contrario, cuanto más pequeños mejor, llegamos de este modo a la desintegración <u>completa</u> del átomo de mercurio, y esta desintegración queda <u>concentrada</u> en la materia <u>rojo-obscura</u> formada con el nitro.

Hay en este proceso de desintegración el desprendimiento del gás sulfhídrico, y no hay un desarrollo constante de energía como la que presentan los cuerpos radioactivos. Sin embargo, el hecho no tien nada de misterioso. Esta desintegración desprendiendo sulfhídrico constituye un proceso químico de naturaleza bien definida. Nosotros damos a conocer la producción simultánea de tres reacciones: El ácido nitrosulfúrico, acido sulfúrico y sulfato potásico. Son reacciones intermedias o secundarias que guardan sus relaciones estequiométricas. Pero conserva sus característica de lo mismo que se forman se descomponen. No obstante, esta particularidad tiene su límite.

Como acabamos de ver, los fenómenos de desintegración del átomo de mercurio tienen lugar entre otros átomos que no cambian de estructura. Hay que modificar, por consiguiente, nuestras ideas acerca de los elementos no radioactivos. Quizás no tardemos mucho en poner de manifiesto una relación genética entre estos elementos no radioactivos que pueden sufrir una desintegración. La idea de los isótopos sólo se puede admitir para los elementos radioactivos, pero no para aquellos otros que en su desintegración no van acompañadas de enorme variaciones de energía.

= 9 =

Los elementos no radioactivos se puede considerar que no contienen isótopos. Cuando descomponemos el bloque de potasa con el ácido nítrico, vemos el azufre sobrenadando en los líquidos de la descomposición. Y este azufre no es un isótopo. El nitro funde mezclado con la sal mercuriosa, el azufre, como elemento simple, queda convertido en sulfato potásico. El nitro fundido y caliente hace arder al azufre produciendo una luz vivísima; el azufre se transforma en sulfato potásico y se desprenden los derivados oxigenados inferiores del nitrógeno en forma de vapores rojizos.

Estos fenómenos de desintegración, que no son independientes de la temperatura y sus variaciones de energía no son de ese orden de magnitud que señalan los físicos, no pueden dar isótopos. Son reacciones químicas ordinarias. Siguen un curso de desintegración muy distinto a la de los elementos radioactivos. Y estas desintegraciones están sometidas tambien a leyes muy sencillas. Una de ellas, es que el radical $SO_2(OH)$ representa el <u>primer proceso</u> de desintegración atómica del mercurio. Hasta la formación del sulfato potásico que reacciona con el carbón.

Nosotros, no obstante, prescindimos de la mezcla del nitro con el carbón. No tiene más interés que el científico: la de producir de nuevo la reacción del hidrógeno sulfurado. Pero no queremos alejarnos demasiado del terreno práctico e industrial para contestar a las, objeciones que nos hicieron los tecnicos norteamericanos. Estos miraron nuestro descubirmiento en un aspecto puaremnte empírico y utilitario, que es el que ahora nosotros tambien nos interesa.

La descomposición de los elementos, tal y como se expone en el Tratado de Química inorgánica de Hofmann, pag. 248, tercer párrafo, a contar del fondo, no guarda relación alguna con la teoría de la desintegración atómica que nosotros hemos dado a conocer. Son ideas las que se exponen en la citada obra - tan notorias y públicas - que los químicos alemanes no debieron nunca mencionarlas como una objeción fundamental. La objeción que nos hizo el examinador alemán no respondía más que a poner obstáculos á la concesión de la patente.

Antes de publicar nuestros experimentos - era creencia - de que los recursos o auxilios de que hasta la fecha se dispoenen resultaban insuficientes para la descomposición de los elementos. Yo puedo evidenciar, que la **MATERIA ROJO-OBSCURA**, obtenida por procedimientos, según la presente **M E M O R I A**, es efectivamente **O R O**. Pero esta demostración será objeto de otra **PATENTE**. Así lo ha querido y dispuesto la Comisión de Experiencias que nombró el Estado español, negándose a que terminaran las pruebas. La impugnación a los informes de esta Comisión, no la podemos hacer en este lugar. Sin embargo, sus alegatos quedaron bien contestados en las dos Adiciones de Patente nºs **126.648** y **130.002**.

Dentro de la química coloidal, yo quiero hacer resaltar, el coloide que con la materia rojo-obscura incrustada en el bloque de nitro he logrado obtener. Por la sencillez con qué se obtiene, bien merece el que describamos el procedimiento.

PRÁCTICA DE LA OPERACION.- Empleamos el bloque de nitro muy calcinado, con muy poca substancia blanca. Después de pulverizado el bloque, lo disolvemos en agua regia caliente y evaporamos lentamente hasta sequedad. El residuo amarillo, lo tratamos con una solución de cianuro potásico al 2 % hasta reacción alcalina y añadimos después unas gotas de agua regia. Se obtiene enseguida un polvo insoluble de color negro azulado en el líquido ácido. Disolviendolo en el agua es un hermoso azul.

Es muy probable, que después de la obtención de este coloide, la Comisión técnica española haya rectificado noblemente. No creemos que persista en su error. Estamos seguros, que en su día reconocerá la injusticia que cometió-al emitir un fallo-que más que perjudicarnos a nosotros había de perjudicar a ellos. Por la categoría y por el prestigio de quienes formaban dicha Comisión hemos silenciado sus informes y no los hemos comentado.

Por último, como final de la descripción del procedimiento, debemos decir algo sobre el material de laboratorio empleado. Se han utilizado cristalizadores de los corrientes; cápsulas de nikel, acero, cobre, etc,. De preferencia hemos empleado el acero que no es atacado

— 11 —

325 por los ácidos, el que se emplea en la industria del nitrógeno.
El progreso de ingeniería sobre el material de acero inoxidable
es enorme. En los recipientes de acero se obtiene, el bloque de
potasa, a la vez que se hace la disolución con el ácido, llegando hasta el final de la operación en la formación del bloque
330 de nitro, sin necesidad de hacer trasiegos de substancias de un
recipiente á otro. Cualquiera que sea el material de laboratorio
y productos químicos utilizados de marca acreditada, se puede
deducir de antemano las impurezas que pudieran haber en el desarrollo del procedimiento y alejar toda sospecha en los resulta-
335 dos obtenidos. Esto cuando se trabaja en pequeñas cantidades.
Pero esta sospecha no cabe en el procedimiento que nosotros hemos descrito.

Queremos tambien advertir que el bloque de nitro nos ha
sido fácil desprenderlo de la cápsula de hierro, calentando pre-
340 viamente la cápsula y vertiendo el bloque golpeando contra el suelo.

N O T A

Las reivindicaciones de esta invención quedan limitadas
a la obtención de una MATERIA PRIMA con la que se puede producir oro metálico. Pero en estas reivindicaciones sólo obtenemos
345 la MATERIA PRIMA como resultado o producto industrial del procedimiento descrito, y en la forma siguiente:

(1º).- Proceso de tratamiento de mercurio o una sal mercuriosa,
caracterizado este tratamiento en que el nitrato mercurioso es
sometido a una solución muy concentrada de potasa caustica; el
350 resultado de nitrato potásico y óxido mercurioso, mezclado juntamente, se calienta después con solución concentrada de potasa
caustica para formar una masa sólida por enfríamiento. La masa
sólida se disuelve con el ácido nítrico puro.

2º.- Proceso de acuerdo con (1ª) demanda, en que el producto de
355 precipitación de la primera masa solidificada y tratada con el
ácido nítrico concentrado, se disuelve con la solución de potasa
caustica concentrada, y empleando el tratamiento de esta mezcla,
formar una segunda masa, que después de solidificada, es disuelta

= 12 =

con el ácido nítrico puro. El exceso de ácido se evapora, precipitando una substancia rojo-obscura que queda incrustada en el bloque
de nitrato de potasio formado, y

(3º).- Proceso de acuerdo con las demandas (1ª) y (2ª), en que la
materia rojo-obscura incrustada en el bloque de nitrato potásico,
es fuertemente calcinada. Como resultado de esta calcinación, se
obtiene casi unicamente la materia rojo-obscura, que después de pulverizada, la disolvemos en el agua regia caliente y evaporamos lentamente hasta sequedad. El residuo amarillo es tratado con una solución de cianuro potásico al 2 % y después acidulado hasta obtener
un polvo insoluble de color negro-azulado.

Resumiendo: se reivindica como de unica y exclusiva invención
del que suscribe y como objeto sobre el que ha de recaer la patente
de invención que se solicita por veinte años en España, por " EL PRO-
CEDIMIENTO DE OBTENCION DE UNA MATERIA ROJO-OBSCURA INCRUSTADA EN
UN BLOQUE DE NITRO, Y QUE SE FORMA EN LAS REACCIONES DEL RADICAL
$SO_2(OH)$ ORIGINADAS CON LAS SALES MERCURIOSAS ". Clase 16.

Todo conforme a lo dispuesto en el vigente Estatuto sobre
Propiedad Industrial, y como queda descrito en la presente Memoria,
que consta de doce hojas mecanografiadas por una sola cara.

Madrid, once de Abril de mil novecientos treinta y cinco.

Germán Botella

www.ingramcontent.com/pod-product-compliance
Lightning Source LLC
Chambersburg PA
CBHW030619220526
45463CB00004B/1349